同济大学本科教材出版基金资助

U0340809

数学实验（下册）

同济大学数学科学学院　陈雄达　关晓飞　殷俊锋　张华隆　**编**

同济大学 出版社
TONGJI UNIVERSITY PRESS

内 容 提 要

本书是数学实验教材实践篇，全书包括 18 个实验，主要介绍数学工具解决实际问题的各种常用方法与模型. 本书各个实验相对独立，并配备有一定的实验题和开放题. 通过本课程的学习，学生能够熟悉和掌握常见的数学问题和数学工具，加深对应用数学的理解，并解决一些较为基本的实际问题. 本书可以作为大学理工科低年级学生的数学实验教材，也可以作为一般技术管理人员的应用数学参考书.

图书在版编目(CIP)数据

数学实验. 下册/陈雄达等编. —上海：同济大学出版社,2018.3
　　ISBN 978-7-5608-7752-5

Ⅰ.①数…　Ⅱ.①陈…　Ⅲ.①高等数学—实验—高等学校—教材　Ⅳ.①O13-33

中国版本图书馆 CIP 数据核字(2018)第 036590 号

数学实验(下册)

同济大学数学科学学院　陈雄达　关晓飞　殷俊锋　张华隆 编
责任编辑 张 莉 蔡梦茜　**责任校对** 徐春莲　**封面设计** 陈益平

出版发行　同济大学出版社　　　www.tongjipress.com.cn
　　　　　(地址:上海市四平路 1239 号 邮编:200092 电话:021-65985622)
经　　销　全国各地新华书店
印　　刷　大丰市科星印刷有限责任公司
开　　本　787mm×960mm　1/16
印　　张　10
字　　数　200 000
版　　次　2018 年 3 月第 1 版　　2018 年 3 月第 1 次印刷
书　　号　ISBN 978-7-5608-7752-5

定　　价　26.00 元

前　言

　　20 世纪 90 年代以来,数学建模和数学实验课程的创建、完善是大学数学教育的一个重要创新.得益于计算机技术的发展,MATLAB, MAPLE 和 MATHEMATICA 软件出现,并广泛地应用于数学实践,数学实验和数学建模课程蓬勃发展起来.

　　实践证明,数学实验课程可以让学生变被动学习为主动学习,积极探索高等数学、线性代数和概率论中的一些课题,学会利用数学软件来辅助理解抽象的数学概念,尝试把这些数学概念和方法初步应用于解决实际问题,从而激发学生自主学习的热情,最终提高学生的数学综合能力和数学素养.

　　本套教材上册是基础知识,下册为实践应用,采用 MATLAB6.2 和 6.5 版本为标准,内容包括以高等数学、线性代数、概率论等课程为基础的一些简化数学模型和数学方法的介绍.本书内容安排上使各个实验相互独立,每个实验都配备了一定的基础实验题,学生可以选择适合自己程度的题目进行实践,从而加深对相应数学理论的理解;也配备一定的数学建模题目,可供读者深入研究类似背景下的数学建模问题.本书共 18 个实验,教师教学时可以有针对性的选择,每个实验的内容都多于 2 个课时,课堂内可以只介绍基本的思想和方法,具体实现细节可以安排学生课后完成.

　　通过本书的学习,学生可以深入理解数学建模相关的基本方法和思想,培养学生自己运用数学建模方法,着手解决一些较为初步的数学实际应用问题.

　　参加本书编写的有陈雄达、关晓飞、殷俊锋和张华隆.第 1—4 章由陈雄达编写,第 5—9 章由关晓飞编写,第 10—14 章由殷俊锋编写,第 15—18 章由张华隆编写,全书由陈雄达统稿.

　　由于编者学识所限,本书难免有错误或者不妥之处,欢迎读者提出宝贵意见.

作　者

2017 年 10 月于同济园

目　　录

第 1 章　数据的存储与读写

　　数据的操作处理是处理实际问题不可或缺的一个步骤.数据格式、表现形式以及数据在设备中的读取,对于实际问题的解决都是必须了解的事情.除了数字本身,图像、声音、文本等也都是数据;计算机系统中各种文件有不同的格式,实际上也是数据的格式,不同的软件也允许有不同的读写方法.

　　1. 了解数据的各种表现形式;
　　2. 学会使用 MATLAB 读写数据文件;
　　3. 学会使用 MATLAB 解读具体的声音图像文件.

1.3.1　纯文本格式读写

　　MATLAB 中可以采用命令 save 和 load 直接以纯文本的方式存储和读取数据.这些数据保存成为文本文件,可以用 Windows 下的 Notepad 或者其他诸如 Textpad 等应用打开.

　　save 命令的基本格式是

```
save filename X Y Z A* -ascii
```

该命令把变量 X, Y, Z 及所有名字以 A 开始的变量以纯文本的形式存放在文件 filename 中.这里,* 是通配符,可以匹配任意长度的任意字符串.该文本文件只保存数据,并不保存数据的名称.可以用如下命令把这些数据读出:

```
load-ascii filename
```

实验 1.1：纯文本数据文件的读取

例题 生成一个 4 阶幻方矩阵,写进文件 a.txt 中,而后再把它从命令行上读出.

解 编写程序如下:

```
>> clear                % 清除所有变量
>> who                  % 查看清除结果
>> A= magic(4)          % 产生幻方矩阵
A=
    16    2    3   13
     5   11   10    8
     9    7    6   12
     4   14   15    1
>> save a.txt A -ascii  % 以纯文本格式保存
>> ! notepad a.txt      % 以 windows 的 notepad 打开
                        % ! 运行 MATLAB 外部的命令
>> clear                % 清除变量
>> load a.txt -ascii    % 载入数据文件 a.txt
>> who
Your variables are:
a                       % 这时候文件名是小写 a,变量名也是 a
>> a
a=
    16    2    3   13
     5   11   10    8
     9    7    6   12
     4   14   15    1
```

如果你不喜欢 MATLAB 的这种数据文件格式,可以采用格式输入和格式输出的方式. 该格式使用命令 fprintf 和 fscanf. fprintf 命令可以往屏幕上显示数据,也可以往文件中写入数据.

实验 1.2：数据文件的写入

例题 在文件 sin.txt 中写入 $0° \sim 89°$ 间隔为 $1°$ 的正弦值,第一行为 $0° \sim 9°$,以后每行都比上一行多 $10°$,每一个正弦值都保留 3 位小数.

解 编写程序如下,把文件保存为 tablesin.m:

```
fid= fopen('sin.txt', 'w');      % 打开/建立文件 sin.txt,可写入(write)方式
fprintf(fid, '% s', blanks(7));  % 首行开始的空格
fprintf(fid, '% 7d', 0:9);
```

```
for i= 0:8,
    fprintf(fid, '\n% 7d', i* 10);
    for j= 0:9,
        theta= i* 10+ j;
        t= theta* (pi/180);              % 换算成弧度
        fprintf(fid, '% 7.3f', sin(t)); % 你的 MATLAB 或许有 sind
    end
end
fprintf(fid, '\n');
fclose(fid);
```

其中,fid 是文件标识(file id),在 MATLAB 的 fprintf 和 fscanf 命令调用格式中,第一变量可以是文件标识.若没有这个变量则直接在屏幕上写出,或者在屏幕上(命令窗口)交互式读入.可以进行如下的演示:

```
>> tablesin
>> type sin.txt
```

1.3.2　mat 内置格式读写

　　MATLAB 内置的数据文件标准格式是 mat 格式,即为二进制格式.读写的命令与文本格式一样,仅是把选项-ascii 去掉,或者改成-mat:

```
save filename X Y Z A*
load filename
```

　　mat 格式的文件本身包含了变量的数据及变量名称,所以一个文件可以保存多个变量,且可以用选项-append 进行追加存入.

实验 1.3:二进制文件格式的读写

在命令行上演示如下:

```
>> A= magic(3);
>> A2= 0:2:10;
>> save a.mat A*
>> clear
>> load a
>> who

Your variables are:

A A2
```

可以看到,装入数据文件后,同时载入了两个变量.

1.3.3 xls 文件

MATLAB 的命令 xlswrite 可以在 Excel 文件中写入数据,甚至也可以在指定的表单指定的位置中写入数据.

实验 1.4:班级成绩

例题 已知有如下的数据,写入 Excel 文件"Grade2. xls"的班级 1(Class1)表单中,并把每个同学的平均分写到最后一列:

Name	Student ID	Math	English	Computer	Physics
Shan Zhang	1152733	90	87	95	79
Si Li	1176658	92	90	78	87
Mei Han	1176672	89	92	93	90

解 可以用如下的程序实现:

```
% % myxlswrite.m
headers = {'Name', 'StudentID', 'Math', 'English', 'Computer', 'Physics',
           'Average'};
Name= {'ShanZhang'; 'SiLi'; 'MeiHan'};
id= [1152733 1176658 1176672]';
Score= [90 87 95 79; 92 90 78 87; 89 92 93 90];
Aver= mean(Score, 2);
xlswrite('Grade2.xls', headers, 'Class1');          % 写入左上角
xlswrite('Grade2.xls', Name, 'Class1', 'A2');       % 写入指定位置 A2
xlswrite('Grade2.xls', id, 'Class1', 'B2');
xlswrite('Grade2.xls', [ScoreAver], 'Class1', 'C2');
```

如果你想从文件中读出数据,可以使用命令 xlsread. 该命令使用格式同命令 xlswrite. 例如,从上述数据文件中读出所有数学成绩可以使用

```
>> mathscore= xlsread('Grade2.xls', 'Class 1', 'C2:C4')
```

实验 1.5:数据查询

例题 利用上述的 Excel 文件,输入一个科目,找出该科目最高分学生的名字.

解 编写程序如下:

```
% % myxlsread.m
subj= input('Enter a subject: ', 's');       % 可以不输入引号
for col= 'C':'F',
```

```
[tmp,subjx]= xlsread('Grade2.xls', 'Class1', [col'1']);      % 读出文本
if strcmpi(subj,subjx),
  score1= xlsread('Grade2.xls', 'Class1', [col'2': col'4']);
  [maxscore, ind]= max(score1);
  [tmp, name1]= xlsread('Grade2.xls', 'Class1', ['A'num2str(ind+ 1)]);
                                                 % 读出的是 Cell 结构
  fprintf('The best score in subject % s is % s\n', subj, name1{1});
end
end
```

1.3.4　图形文件

MATLAB 的命令 imread 和 imwrite 可以实现图形文件的读和写. 命令 image 也可以简单地把矩阵画成图形. 一个图形,特别是位图,它的每一点都有自己的颜色值,位图的点阵大小可能有各种不同的尺寸,例如 257×250,这样就会形成一个 257×250 的矩阵. 当然,MATLAB 也支持其他的图形格式,例如,计算机常见的颜色模型是三原色模型(RGB 值).

实验 1.6:载入图形

例题　载入 MATLAB 中的地球的图形,并画出.

解　MATLAB 中地球的图形存放在 earth. mat 中,可以如下载入:

```
>> load earth
>> image(X);
>> colormap(map)
>> axis off;
```

在命令行输入 x,可以看到,图形数据和一般的矩阵并无太大区别.

实验 1.7:颠倒图形

例题　载入某个图形,并画出它和它倒过来看的图形.

解　编写程序如下:

```
function upsidedown
% 上下颠倒图像
  fn= input('the file name of image: ', 's');
  [A, map]= imread(fn);
  figure('position', [50 50 900 400]);
  fork= 1:2,
    subplot(1, 2, k);
```

```
        image(A);
        colormap(map);
        axis off;
        A= rot90(A, 2);
    end
运行 upsidedown:

>> upsidedown
the file name of image: 6beers.gif
可以得到如图 1.1 的图形.
```

AFTER 6 BEERS

BEFORE 6 BEERS

BEFORE 6 BEERS

AFTER 6 BEERS

图 1.1   上下颠倒的图形

1.3.5   声音文件

MATLAB 可以读取、保存声音,甚至可以合成声音.下面以 MATLAB 内置的 Handel 的合唱为例说明,关于声音的合成可以在网络上搜集到很多例子.

实验 1.8:载入声音

例题   准备好耳机或者音箱,载入 Handel 的合唱,并画它的图形.

解   编写程序如下:

```
>> load handel
>> who
Your variables are:
Fs y
>> sound(y, Fs)
>> plot(y)
```

在命令行输入 y,可以看到,声音数据和一般的数据文件并无太大区别.

1.4　练习题

1. 学着自己使用 fscanf 命令从文件中读出数据.
2. 分别生成 4，5，6 阶幻方，把幻方矩阵保存在 MATLAB 数据文件中.
3. 分别生成 4，5，6 阶幻方，把幻方矩阵保存在 xls 文件中.
4. MATLAB 中有数据文件 clown.mat 存放着一个小丑的图形，在屏幕上画出这个图形.
5. 如图 1.2 是 MATLAB 中 Handel 水上音乐的声波图形. MATLAB 内置了一些声音文件，如鸟鸣(chirp)，火车汽笛(train)，锣声(gong)，你能直接在命令行中播放出这些声音吗?

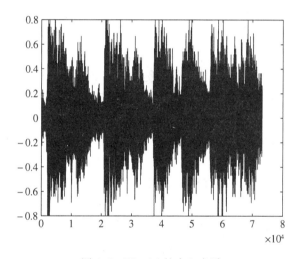

图 1.2　Handel 的水上音乐

6. 你能从系统中载入一个图形，显示在 MATLAB 的画图窗口中，并标上一定的记号(如你的名字)作为水纹吗?

第 2 章　错装问题漫谈

　　欧拉同时在研究几个数学问题,他把这些研究心得装在信封里打算寄给伯努利兄弟,可是不小心把这些研究心得装错了信封.有多大的可能这些信全部装错了?

　　用 A,B,C,…表示写着 n 位伯努利兄弟名字的信封,a,b,c,…表示 n 份相应的写好研究心得的信纸.按照欧拉的设想,应该 a 装入 A,b 装入 B,等等.所谓错装,即 a 不是装入 A,b 也不是装入 B,等等.下面我们把错装的总数为记作 D_n,假设把 a 错装进 B 里了(它也可以在除 A 外的其他信封),包含着这个错误的一切错装法分两类:

　　(1) b 装入 A 里,这时每种错装的其余部分都与 a,b,A,B 无关,应有 D_{n-2} 种错装法.

　　(2) b 装入 A,B 之外的某个信封,这时的装信工作实际是把(除 a 之外的)$n-1$ 份信纸 b,c,…装入(除 B 以外的)$n-1$ 个信封 A,C,…,显然这时装错的方法有 D_{n-1} 种(把 b 看成 a 即可:A 中不可能装着 a,b 也不可能装入 B).

　　总之在 a 装入 B 的错误之下,共有错装法 $D_{n-1}+D_{n-2}$ 种. a 装入 C,装入 D 等的 $n-2$ 种错误之下,同样都有 $D_{n-1}+D_{n-2}$ 种错装法,因此

$$D_n = (n-1)(D_{n-1}+D_{n-2}).\tag{2.1}$$

这是一个递推表达式.

　　1. 了解 MATLAB 产生排列及组合的功能;

　　2. 了解错排问题,计算相关的排列组合数及概率.

2.3　实验内容

2.3.1　MATLAB 产生排列及组合的命令

MATLAB 命令 perms 可以产生所有的排列,例如

```
>> perms([1  3  5  7])
ans=
    7  5  3  1
    7  5  1  3
......
    1  7  5  3
```

当然,你可以实际运行,并数一下总计有多少个排列. 不过,下面的命令可直接得到排列数:

```
>> size(ans, 1)
ans=
    24
```

命令 randperm(n)得到 $1\sim n$ 的一个随机排列:

```
>> randperm(7)
ans=
    3  4  7  2  6  1  5
```

把它作为下标可以得到随机的排列,如

```
>> a=[1  3  5  7];
>> a(randperm(4))
ans=
    3  5  7  1
```

命令 nchoosek 可以计算出组合数或者给出所有组合:

```
>> nchoosek(4, 2)
ans=
    6
>> nchoosek(1:4, 2)
ans=
    1  2
    1  3
    1  4
```

2   3

2   4

3   4

2.3.2   错装问题

由式(2.1)以及 $D_1=0$，$D_2=1$，有

$$\frac{D_n}{n!} = \left(1 - \frac{1}{n}\right)\frac{D_{n-1}}{(n-1)!} + \frac{1}{n}\frac{D_{n-2}}{(n-2)!},$$

此即

$$K_n = \frac{D_n}{n!} - \frac{D_{n-1}}{(n-1)!} = \frac{1}{n}\left[-\frac{D_{n-1}}{(n-1)!} + \frac{D_{n-2}}{(n-2)!}\right] = -\frac{1}{n}K_{n-1},$$

于是，递推 K_n 可得

$$K_n = \frac{D_n}{n!} - \frac{D_{n-1}}{(n-1)!} = (-1)^{n-2}\frac{1}{n} \cdot \frac{1}{n-1}\cdots\frac{1}{3}\left(\frac{D_2}{2!} - \frac{D_1}{1!}\right),$$

所以，$\dfrac{D_n}{n!} - \dfrac{D_{n-1}}{(n-1)!} = (-1)^n \cdot \dfrac{1}{n!}$. 即得

$$D_n = n! \cdot \left(1 + \sum_{k=1}^{n}\frac{(-1)^k}{k!}\right).$$

实验 2.1：实现错装问题的组合数

下面的程序计算错装问题的组合数 D_n：

```
function x= euler1(n)
s= 1;
p= 1;
t= 1;
j= - 1;
for k= 1:n,
  p= p* k;
  t= j/p;
  j= -j;
  s= s+ t;
end
x= p* s;
```

实际上，D_n 有下面的一个简单计算公式：

$$D_n = \left[\frac{n!}{e} + \frac{1}{2}\right].$$

可以采用随机模拟，统计错装的可能性：

```
function p= euler2(n)
    N= 1000* n;
    count= 0;
    for k= 1:N,
      r= randperm(n);
      if all(r~ = [1:n]),
        count= count+ 1;
      end
    end
p= count/N;
```

思考：这个概率 $p(n)$ 随着 n 趋向无穷，极限是什么？

2.3.3　夫妇圆周问题

100 个著名初等问题的第 8 个问题，也就是卢卡斯的夫妇圆周就座问题：n 对夫妇围圆桌而坐，其座次是两个妇人之间坐一个男人，而没有一个男人和自己的妻子并坐，问有多少种坐法？

这个问题大概首次出现是在法国数学家卢卡斯（E. Lucas）的书中. 英国数学家劳斯·贝尔（Rouse Bell）谈及该问题时说这个问题绝非容易. 这个问题有一个并不简单的递推公式——莱桑递推公式：

$$(n-1)A_{n+1} = (n^2-1)A_n + (n+1)A_{n-1} + 4(-1)^n,$$

其中，A_n 是 n 对夫妇圆周就座的数目，而 $A_3 = 1$，$A_4 = 2$ 可以直接验证.

实验 2.2

给出所有可能的就座方式，其中对应的大小写字母代表对应的夫妇，例如，'A'，'a' 表示一对夫妇.

编程如下：

```
function P= seating(n)
    if nargin< 1, n= 4; end
    M= 'A'+ (1:n)- 1;
    F= 'a'+ (1:n)- 1;
    P= [ ];
    for mp= perms(M)',
```

```
for fp= perms(F)',
    p(1:2:2* n)= mp;
    p(2:2:2* n)= fp;
    flag= 1;
    for k= 1:2* n,
      if abs(p(mod(k,2* n)+ 1)- p(k))= = 'a'-'A',
        flag= 0;
        break;
      end
    end
    if flag= = 1 & p(1)= = 'A',
      P(end+ 1,:)= p;
    end
  end
end
P= char(P);
```

2.3.4 手机屏锁问题

我的手机屏锁是个五位数的数字密码,可是我把它给忘记了. 对着光线,可以看见在数字 1,2,3,5,7 按键上有我的指纹. 你可以想象得出,最坏情况是需要试 120 次才能找回真正的密码:需要穷举 1,2,3,5,7 的所有排列. 使用刚才的 perms([1 2 3 5 7])可以枚举出所有的可能. 可如果按键 2 上的指纹是我慌乱中留下的,我的密码中并没有 2,那么我的密码有多少种可能? 是多还是少了?

当重复的数字是 1 时,密码可能有 $\dfrac{5!}{2!}=60$ 种. 因为 1,1,3,5,7 全排列有 120 种,但对调两个 1 得到的是相同的密码. 考虑其他数字重复的可能,我的密码多达 240 种可能. 你能帮忙列举一下所有可能的密码,然后挨个试一遍吗?

2.4 练习题

1. 画出错装概率函数 p 在自变量 n 取值为 1～10 的函数图像;

2. 推导仅一个信封装对了的可能性及组合数,你有什么结论?

3. 给出手机屏锁问题的所有可能密码? 能否把该问题推广至一般的情形? 例如,有 n 个($n \leqslant 8$)个按键上留下了指纹,但已知密码有 m($m \geqslant n$)位.

4. 某厂生产一种锁具,每个锁具的钥匙有 5 个槽,槽高度为 1,2,3,4,5,6 中的一个. 由于制造工艺等原因,这 5 个槽的高度还需满足两个条件:

(1) 至少有三个不同的槽高;

(2) 相邻两槽高度差不能是 5;

例如,其中一把钥匙可以表示为 1,3,2,2,5.写一段程序,计算所有可能的不同钥匙数目.

5. 某钢管零售商要将 25 m 长的原料钢管,切割成为长度分别为 2.4 m,3.3 m,3.8 m,4.6 m,9.0 m 长的成品钢管.因为设备的原因,每次切割原料钢管得出的成品最多只能有三种不同的尺寸.编程举出所有可能的方案.

6. 写一个人机互动的猜密码游戏.如下面的情形,计算机生成一个 4 位数的密码,如 3753,你每次猜这个 4 位数密码是什么,直至猜对,若没有猜对,计算机会给出相应的信息.如果你猜的是 5933,计算机告诉你:位置及数字正确的有 1 个(最后的 3,但计算机不显示这一点),数字正确但位置不对的有 2 个(第一位上的 5 及第三位上的 3,不包括最后的 3,同上不显示),你需要根据这些不完整的信息,给出下一个猜测.下面是一个例子:假设你的密码是 3753,计算机每次根据你的猜测给出两个数字,第一个是位置及数字都正确的个数,第二个是数字正确但位置不正确的个数.

```
3829
    (1, 0)
4752
    (2, 0)
3705
    (2, 1)
...
```

第3章 假设检验实验

你去购买某种饮料或者食品,标签上通常会有说明含有若干成分,各占多少比例.你相信这些指标吗? 如果你买了这种饮料或食品若干,如何检验你的怀疑是否正确?

我们把这种问题称为假设检验问题.例如,某矿泉水瓶上标明含有矿物质偏硅酸 H_2SiO_3 不少于 25.0 mg/L,或者在 25.0~70.0 mg/L 之间.抽取这种矿泉水若干瓶,根据样本信息检验其偏硅酸含量是否如其标注所言,这就是假设检验.我们把想要推翻的假设称为原假设,或者零假设,常用 H_0 表示,此即

$$H_0: \quad 偏硅酸含量 \geqslant 25.0 \text{ mg/L}$$

或者

$$H_0: \quad 偏硅酸含量 = 25.0 \sim 70.0 \text{ mg/L}.$$

我们把它的反面称为备择假设,记为 H_1,也就是我们想要搜集数据予以支持的假设.

由于搜集的数据不可能是全部数据,而样本是随机的,因而在样本信息基础上做出的检验或者决策很有可能会犯错误.由于原假设和备择假设相互排斥,不可能同时成立,决策的结果就是:要么拒绝原假设,要么接受原假设.这样你可能会犯两种错误:①原假设是正确的,但被你拒绝了.我们称这种错误为第 I 类错误.②原假设是正确的,你却接受了.我们称这类错误为第 II 类错误.抽样是随机的,所以犯两类错误都有一定的概率.记这两个概率分别为 α,β,同时也对应地称这两类错误为 α 错误和 β 错误.

在假设检验中,若样本数量一定,则 α,β 不可能同时变小.在实际中,人们通常控制 α 错误在一定的水平下,称为显著性水平.英国著名统计学家费希尔建议将这个值设为 $\alpha = 0.05$,即犯第一类错误的可能小于 0.05,当然你可以用其他的值.

3.2 实验目的

1. 理解假设检验的基本含义；
2. 学会利用 MATLAB 程序设计语言编写假设检验的程序；
3. 借助于已有的 MATLAB 程序，求解具体的假设检验实际问题.

3.3 实验内容

3.3.1 总体均值的假设检验

抽取一批从流水线下来的产品，可以利用它们的某个参数的平均值来检验流水线生产是否正常. 这种类型的问题称为总体均值检验问题.

在 MATLAB 中，总体均值检验中的单样本总体均值 z 检验的命令是

```
[h, p, ci, zval]= ztest(x, mu, sigma, alpha, tail)
```

其中，输入参数 x 是样本（n 维数据），mu 是 H_0 中的均值 μ_0，sigma 是总体标准差 σ，alpha 是显著性水平 α（默认时设定为 0.05），tail 是对双侧检验和两个单侧检验的标志，可取值为字符串 'both', 'right' 或者 'left'，分别代表双侧、右侧或者左侧，即备择假设为 $\mu \neq \mu_0$，$\mu > \mu_0$ 或者 $\mu < \mu_0$，而原假设分别为其的反面. tail 的这三个取值也可以分别写为 0，1 和 -1.

输出参数 h=0 表示接受 H_0，h=1 表示拒绝 H_0，p 是在假设 H_0 下的概率，ci 给出 μ_0 的置信区间，zval 是样本统计量 z 的值.

一般可以使用短格式调用该命令：

```
h= ztest(x, mu, sigma)
```

实验 3.1：车间生产

例题 某车间用一台包装机包装葡萄糖袋糖，包得的袋糖重是一个随机变量，它服从正态分布. 当机器正常时，其均值为 1 斤，标准差为 0.03 斤. 为检验某日开工后包装机是否正常工作，随机地抽取所包装的袋糖 10 袋，称得净重如下（单位：g）：

0.994 1.012 1.036 1.046 0.995 1.022 1.026 0.991 1.021 0.998.

问机器是否正常？

解 总体 μ 和 σ 已知，该问题是当 σ^2 为已知时，在水平 $\alpha = 0.05$ 下，根据样本值判断 $\mu = 1$ 还是 $\mu \neq 1$，为此提出假设：

原假设 H_0:　　$\mu = 1$

备择假设 H_1:　　$\mu \neq 1$

编写 MATLAB 程序如下：

```
>> x= [0.994 1.012 1.036 1.046 0.995 1.022 1.026 0.991 1.021 0.998];
>> [h, p, ci, zval]= ztest(x, 1, 0.03, 0.05, 'both')
```

```
h=
    0
p=
    0.1372                        % 样本观察值的概率
ci=
    0.9955    1.0327              % 置信区间,均值 0.5 在此区间之外
zval=
    1.4863                        % 统计量的值
```

结果表明:h=0,说明在水平 $\alpha=0.05$ 下可接受原假设,即认为包装机工作正常.

在方差未知的情况下,可以使用 t 检验. 在 MATLAB 中,

[h, p, ci, stats]= ttest(x, mu, alpha, tail)

其中,相同名字的变量含义同 ztest 命令,stats 是一个包含检验状态的统计量.

一般也可以使用短格式调用该命令:

h= ttest(x, mu)

实验 3.2:电子元件寿命

例题 某种电子元件的寿命 x(单位:h)服从正态分布,而 μ, δ^2 均未知. 现测得 20 只元件的寿命如下:

169 283 101 212 224 379 180 274 222 362 168 250 149 260 485
173 198 188 282 220

问:是否有理由认为元件的平均寿命大于 225h?

解 未知 σ^2,在水平 $\alpha=0.05$ 下检验假设:

$H_0: \mu \leqslant 225,$ $H_1: \mu > 225$

编写程序如下:

```
>> x= [169  283  101  212  224  379  180  274  222  362  168  250  149
        260  485  173  198  188  282  220];
>> [h, p, ci]= ttest(x, 225, 0.05, 1)
h=
    0
p=
    0.2467
ci=
    204.4100              Inf   % 均值 225 在该置信区间内
```

结果表明:h=0 表示在水平 $\alpha=0.05$ 下应该接受原假设 H_0,即认为元件的平均寿命不大于 225 h.

当两个样本总体均值未知时,可以通过两个批次的抽样来检验它们对应的两个总体是否具有相同的均值. 下面的 MALTAB 命令可以实现两个具有相同方差的样本的 t 检验:

```
[h, p, ci, stats]= ttest2(x, y, alpha, tail)
```

其中,x, y 是两个样本的数据,其他变量含义同命令 ttest.

实验 3.3:平炉实验

例题　在平炉上进行一项技术试验,以确定改变操作方法是否会增加钢的产率,试验是在同一只平炉上进行的. 每炼一炉钢,除操作方法外,其他条件都尽可能做到相同,先用标准方法炼一炉钢,然后用建议的新方法炼一炉钢,以后交替进行,各炼 10 炉,其产率分别为:

(1) 标准方法:78.1　72.4　76.2　74.3　77.4　78.4　76.0　75.5　76.7　77.3

(2) 新方法:79.1　81.0　77.3　79.1　80.0　79.1　79.1　77.3　80.2　82.1

假设这两个样本相互独立,且分别来自正态总体 $N(\mu_1, \sigma^2)$ 和 $N(\mu_2, \sigma^2)$,其中 μ_1, μ_2, σ^2 均未知. 问:在置信水平 $\alpha = 0.05$ 时,新操作方法能否提高产率?

解　两个总体方差相同时,在水平 $\alpha = 0.05$ 下检验假设

$$H_0: \quad \mu_1 \geqslant \mu_2, \qquad\qquad H_1: \quad \mu_1 < \mu_2$$

编写程序如下:

```
>> x=[78.1  72.4  76.2  74.3  77.4  78.4  76.0  75.5  76.7  77.3];
>> y=[79.1  81.0  77.3  79.1  80.0  79.1  79.1  77.3  80.2  82.1];
>>[h, p, ci]= ttest2(x, y, 0.05, -1)
h=
    1
sig=
    2.1759e-004         % 说明两个总体均值相等的概率很小
ci=
    -Inf -1.9083
```

结果表明:h=1 表示在水平 $\alpha = 0.05$ 下应该拒绝原假设 H_0,即认为新的操作方法提高了产率,比原方法好.

当两个样本总体均值未知时,也可以用 t 检验来检验两个总体均值是否相同. 其 MATLAB 命令如下:

```
[h, p, ci, stats]= ttest2(x, y, alpha, tail)
```

x, y 是两批抽样的数据,其他变量含义如前. 也可以使用该命令的简写方式:

```
h= ttest2(x, y)
```

3.3.2 总体方差的假设检验

MATLAB缺少总体方差的假设检验程序，可以编写下面的代码来进行各种类型的方差的检验，从而解决实际问题.

（1）单个总体的方差检验：检验某个总体方差是否为给定的方差，即 H_0：$\sigma^2 = \sigma_0^2$. 其MATLAB程序为 x2test2.m：

```
function[h, p]= x2test2(x, sigma, alpha, tail)
    n= length(x);
    xbar= mean(x);
    [m, v]= chi2stat(n- 1);
    xx= (n- 1)* v/sigma^2;
    if tail== 0,
      x1= chi2inv(1-alpha/2, n-1);
      x2= chi2inv(alpha/2, n-1);
      p= 2* (1-normcdf(abs(xx)));
      if xx> = x1 & xx< = x2,
        h=0;
      else
        h=1;
      end
    end
```

实验 3.4：维尼龙

例题　在灌装白酒时，如果偏差太多，则会造成不好的后果：装过多了，厂家成本增加，装太少了，顾客满意度降低. 已知某白酒厂家原生产线灌装 500 mL 白酒，其生产均值为500 mL，方差为 5.8^2. 经过技术改造后，从该流水线随机抽取的一批白酒抽样如下（单位：mL）：
493, 503, 499, 511, 491, 502, 496, 503, 505, 497
问：在置信水平 $\alpha = 0.05$ 下，该流水线灌装水平有没有显著变化？

解　这是单个总体的方差假设检验问题，可调用函数 x2test2，输入命令

```
>> x= [493, 503, 499, 511, 491, 502, 496, 503, 505, 497];
>>[h, p]= x2test2(x, 5.8, 0.05, 0)
h=
    1
p=
    1.4669e-006
```

因此可以认为，该流水线灌装水平有显著差异.

（2）两个总体的方差检验：可以检验两个不同的总体其方差是否一致，即 H_0：$\sigma_1^2 = \sigma_2^2$. 其 MATLAB 程序为 ftest2. m：

```
function[h, p]= ftest2(x, y, alpha, tail)
    n1= length(x);
    n2= length(y);
    xbar= mean(x);
    ybar= mean(y);
    [m1, s1]= chi2stat(n1-1);
    [m2, s2]= chi2stat(n2-1);
    ff= s1/s2;
    if tail= = 0,
        f= finv(1-alpha/2, n1-1, n2-1);
        p= 2* (1-normcdf(abs(ff)));
        if ff< = f,
            h= 0;
        else
            h= 1;
        end
    end
```

实验 3.5：红细胞数目

例题 为研究正常成年男女血液中红细胞数目的平均数之差别，检查某地正常成年男子和成年女子各 10 名，已知男性、女性红细胞数目都服从正态分布如下（单位：10^{12} 个 /L），

男子：5.2010 4.0267 5.4201 7.7152 4.2400 5.9150 6.7874 3.4359 3.5512 5.1549

女子：4.1021 5.5673 3.1271 8.6096 4.1733 4.6093 6.3620 4.1279 4.2198 2.5579

问：在置信水平 $\alpha = 0.01$ 下，检验该地正常成年人的红细胞数目的方差是否与性别有关？

解 这是两个总体的均值的假设检验问题，可利用函数 ftest2，输入命令：

```
>> x= [5.2010 4.0267 5.4201 7.7152 4.2400 5.9150 6.7874 3.4359 3.5512
    5.1549];
>> y= [4.1021 5.5673 3.1271 8.6096 4.1733 4.6093 6.3620 4.1279 4.2198
    2.5579];
>>[h, p]= ftest2(x, y, 0.01, 0)
h=
    0
p=
    0.3173
```

由此可见，正常成年人的红细胞数目的方差与性别无关.

3.3.3 其他假设检验

有时候,数据最终归结为通过或不通过、合格或不合格时,如果没有原始的数据,如何对通过率或者合格率进行假设检验? 我们可以编写 0-1 分布总体均值的 MATLAB 程序文件 z1test2. m 如下

```
function[h, p]= z1test2(x, p0, alpha, tail)
    n= length(x);
    xbar= mean(x);
    z1= (xbar-p0)/sqrt(p0* (1-p0)/n);
    h=1;
    if tail= = 0,
      u= norminv(1-alpha/2);
      p= 2* (1-normcdf(abs(z1)));
      if abs(z1)< = u,
        h= 0;
      end
    elseif tail= = 1,
      u= norminv(1-alpha);
      p= 1-normcdf(z1);
      if z1< = u,
        h= 0;
      end
    elseif tail= = -1,
      u= norminv(alpha);
      p= normcdf(z1);
      if z1< = u,
        h= 0;
      end
    end
end
```

实验 3.6:产品合格率

例题 某厂生产一批产品,要求保证正品率为 0.8,现随机抽取几批产品计算出其正品率分别为

0.6001, 0.8900, 0.8156, 0.7119, 0.9902

已经知道正品率服从 0-1 分布. 问:其产品在置信水平 $\alpha=0.1$ 下是否合格?

解 这是 0-1 分布总体均值的假设检验问题,可利用函数 z1test2,输入命令:

```
>> x= [0.6001, 0.8900, 0.8156, 0.7119, 0.9902]
>> [h,p]= z1test2(x, 0.8, 0.1, 0)
h=
```

```
       0
p=
       0.9930
```
因此可以看出,其生产的产品是合格的.

3.4　练习题

1. 设有甲、乙两种安眠药,比较其治疗效果. X 和 Y 分别表示服用甲和乙药后睡眠时间延长时数,独立观察 20 个病人,其中服用甲药和乙药的人数各占一半,数据如下表所示:

X	1.9	0.8	1.1	0.1	0.1	4.4	5.5	1.6	4.6	3.4
Y	0.7	-1.6	-0.2	-1.2	-0.1	3.4	3.7	0.8	0.0	2.0

试就下列两种情况分析这两种药物的疗效有无显著差异(显著性水平为 0.05):(1) X 与 Y 的方差相同;(2) X 与 Y 的方差不同;

2. 某公司生产的发动机部件直径(单位:cm)服从正态分布,并标明标准差为 $\sigma_0=0.048$. 现随机抽取 5 个样品,测得它们的直径为

   1.33,1.56,1.32,1.42,1.41

   问:在置信水平 $\alpha=0.05$ 下可否认为该公司标注确实无误?

3. 为检测空气质量,某环保部门每隔几天对本城市的 PM2.5 进行随机抽样. 去年,市政公告中说 PM2.5 的平均值为 $81.5\mu g/m^3$. 最近 30 次环保部门公告的 PM2.5 数据如下(单位: $\mu g/m^3$),问:在显著性水平 $\alpha=0.05$ 下本城市 PM2.5 指标是否已改善?

   81.6 86.2 80.3 85.2 79.1 73.2 93.1 58.3 93.2 59.8 83.2 77.7 82.5
   86.2 99.2 72.8 79.2 84.2 88.3 71.9 90.0 72.7 86.6 69.8 83.3 92.1
   78.7 82.1 83.3 78.0

4. 一个以减肥为目的的健美俱乐部声称,参加他们的训练可以使肥胖者在一个月内体重减少 15 斤. 工商部门的调查人员随机抽取了 10 名参与者,并在一个月后进行了回访,得到他们的体重数据如下(单位:斤). 问:在显著性水平为 0.05 的情况下,调查结果是否支持俱乐部的说法?

   训练前:195 208 213 200 183 199 208 214 239 226
   训练后:177 194 206 190 165 183 200 199 234 216

第4章 自动报警实验

4.1 实验导读

公司采购了某种类型的防盗窃报警器,在有窃贼进入时能自动报警.可是公司保安,尤其是值夜班的保安抱怨说该报警器常报假警,让他们虚惊一场.当然,公司也不能判断哪个是假警哪个不是,不能因为误报而对所有报警不做处理而造成损失.实际上,警报器会出现两种错误:不该报而报,该报而不报,可以分别称为误报和漏报.

一个报警器性能的好坏,可以由它报警的正确率来衡量.假设公司采购的这种类型的报警器正确率为 $a(a<1)$,那意味着平均每报警 100 次,有 $100a$ 次是假警.假设这个比例也是在有盗贼时能正确报警的比例:即在有盗贼的情况下,有 $100a$ 次能发出警报.不妨设目前这种报警器的正确率为 $a=90\%$.那么如何提高正确率呢?是不是只能购买正确率更高的警报器?

4.2 实验目的

1. 学会计算复杂事件的概率;
2. 初步了解决策问题.

4.3 实验内容

4.3.1 2 台报警器

假设公司有 2 台相同的报警器 A,B,它们相互独立运作.这样,真有盗窃时,都发出报警的概率是 $0.9\times0.9=0.81$.表 4.1 列举了 2 台报警器所有的可能报警的概率.

表 4.1 报警问题:$n=2$

	真有盗贼	没有盗贼
A 报警,B 报警	$0.9\times0.9=0.81$	$0.1\times0.1=0.01$
A 报警,B 不报警	$0.9\times0.1=0.09$	$0.1\times0.9=0.09$

（续表）

	真有盗贼	没有盗贼
A 不报警,B 报警	0.1×0.9=0.09	0.9×0.1=0.09
A 不报警,B 不报警	0.1×0.1=0.01	0.9×0.9=0.81

保安可以在(1)只要报警器响就出警;(2)只有在两台报警器同时报警的情况下才采取行动. 对于策略(1),在真有盗贼时,有 99% 可能报警,仅有 1% 的漏报率,但在没有盗贼时,有 19% 的误报率. 对于策略(2),在没有盗贼时,仅有 1% 的误报率,但在真有盗贼时,有 81% 可能报警,有高达 19% 的漏报率.

因此,两台报警器并没有明显优于 1 台报警器.

4.3.2　3 台报警器

如果公司有 3 台报警器,它们也相互独立运作,就有如表 4.2 的结果.

表 4.2　报警问题:$n=3$

	真有盗贼	没有盗贼
3 台都报警	0.9×0.9×0.9=0.729	0.1×0.1×0.1=0.001
2 台报警,另 1 台不报警	3×0.9×0.9×0.1=0.243	3×0.1×0.1×0.9=0.027
1 台报警,另 2 台不报警	3×0.9×0.1×0.1=0.027	3×0.1×0.9×0.9=0.243
3 台都不报警	0.1×0.1×0.1=0.001	0.9×0.9×0.9=0.729

这时候,保安可以选择的策略有:

(1) 3 台都报警才行动. 漏报率为 0.271,误报率为 0.001;

(2) 只要有报警就行动. 这时,漏报率为 0.001,误报率为 0.271;

(3) 若 2 台以上报警就行动. 可以计算得出,漏报率为 0.028,误报率为 0.028(1 台报警器的漏报率、误报率都是 10%).

可以看出采用策略(3),3 台报警器就相当于 1 台正确率为 97.2% 报警器. 这也就应了那句谚语:三个臭皮将,赛过诸葛亮.

4.3.3　n 台报警器

假设 n 是奇数,只要有过半的报警器响,保安就采取行动,那么这相当于把报警器的性能提升到多少呢? 可以编写程序如下:

```
function r= alert(n, p)
    q= 1-p;
    r= 0;
```

```
for k= n:- 1:(n+ 1)/2,
  r= r+ nchoosek(n, k)* p^k* q^(n- k);
end
```

在 MATLAB 命令行中运行,可以得到

```
>> alert(3, 0.9)
ans=
   0.9720
>> alert(5, 0.9)
ans=
   0.9914
```

　　这样,单台正确率只有 90％ 的报警器只要 5 台一起工作,就可以使得报警正确率提高到 99％.相信花 5 倍的价钱也不一定能够买得到一台这么灵敏的报警器.

　　当然,一般情况下,漏报和误报带来的代价是不相同的:漏报会来得严重些.因此,可以在加权的方式上去考虑保安的最优选择.

　　我们知道,图像识别是一个困难的课题,尽管现在可能很快地就不那么困难了.举例说,铁道部网站的图像验证码就不太好识别.研发出一个图像识别正确率能达到 90％ 的算法或许不是很容易,但是有可能在网络上找到一些不同的方法,即便其正确率都仅有 60％,这些算法一起工作还是能大幅提升识别的正确率.

4.4　练习题

1. 5 台报警器的最佳策略是什么? 5 台会比 3 台的效果好多少?

2. 写一个程序,输入报警正确率 a,报警器台数 n,给出最佳策略(除了保安行动的最少报警台数 m,还有其他的吗)以及漏报率和误报率;

3. 几台性能不尽相同的报警器一起工作,你会采用什么策略? 其正确率又如何? 比如,3 台正确率分别为 85％,90％,95％ 的报警器一起工作,是否好过 3 台正确率均为 90％ 的报警器?

4. 你要组织一个由 3 名运动员组成的兵乓球队,你的候选选手包括 Albert, Bob, Carl, Daniel 和 Eddy,分别记为 A,B,C,D,E.你的对手是由 a, b,c 组成的乒乓球队.如果以前这些乒乓球选手之间的比赛结果你方胜率如表 4.3 所示,你应该如何挑选你的选手? 记住一点,你并不清楚对方三名队员的出场次序.

表 4.3 挑选乒乓球选手

	针对 a 的胜率	针对 b 的胜率	针对 c 的胜率
Albert	0.65	0.41	0.72
Bob	0.45	0.54	0.62
Carl	0.58	0.61	0.44
Daniel	0.54	0.49	0.51
Eddy	0.47	0.69	0.57

5. 对于配备 n 台报警器的警报系统,如果假设漏报带来的代价是误报的 10 倍, 那么保安应该如何行动? 假设报警器正确率 90%,台数为 5.

第5章 插值实验

5.1 实验导读 ▶

插值就是求解通过已知的有限个数据点的一个函数. 数列的找规律问题就是一个简单的插值问题,它的自变量是自然数,利用某个规律找出数列的某个通项公式. 一般地,插值问题有多种形式,下面将介绍拉格朗日(Lagrange)多项式插值、分段线性插值和样条插值.

5.2 实验目的 ▶

1. 理解拉格朗日插值的基本理论;
2. 了解分段线性插值及样条插值;
3. 学会编程实现拉格朗日插值和调用 MATLAB 的样条插值函数.

5.3 实验内容 ▶

5.3.1 拉格朗日多项式插值

如果有数据点 $(x_i, y_i)(i = 0, 1, 2, \cdots, n)$,想要寻找一个函数 $y = p(x)$,使得 $y_i = p(x_i)$,这个问题称为插值问题. 若 p 是多项式,该问题称为代数插值问题. 其数学形式是: 已知函数 $f(x)$ 在区间 $[a, b]$ 上 $n+1$ 个不同点 x_0, x_1,$\cdots$, x_n 处的函数值 $y_i = f(x_i)(i = 0, 1, \cdots, n)$,求一个至多 n 次的多项式 $p_n(x) = a_0 + a_1 x + \cdots + a_m x^n$,使其在给定点处与 $f(x)$ 同值,即满足插值条件

$$p_n(x_i) = f(x_i) = y_i \quad (i = 0, 1, \cdots, n).$$

$p_n(x)$ 称为插值多项式, $x_i(i = 0, 1, \cdots, n)$ 称为插值节点,简称节点, $[a, b]$ 称为插值区间. 从几何上看,n 次多项式插值问题就是过 $n+1$ 个点 $(x_i, f(x_i))(i = 0, 1, \cdots, n)$,做一条多项式 $y = p_n(x)$ 的曲线来近似曲线 $y = f(x)$. 当 x_0, x_1, $\cdots$, x_n 分别为 $1, 2, 3, \cdots$ 时,就是一个数列找规律的问题.

拉格朗日多项式插值不是首先考虑得到系数 a_0, $\cdots$, a_n,而是先构造一组

基函数

$$l_i(x) = \frac{(x-x_0)\cdots(x-x_{i-1})(x-x_{i+1})\cdots(x-x_n)}{(x_i-x_0)\cdots(x_i-x_{i-1})(x_i-x_{i+1})\cdots(x_i-x_n)}$$

$$= \prod_{j=0,\,j\neq i}^{n} \frac{(x-x_j)}{(x_i-x_j)} \quad (i=0,\,1,\,\cdots,\,n).$$

对于每个 i，$l_i(x)$ 是一个 n 次多项式，满足

$$l_i(x_j) = \begin{cases} 0 & (j \neq i), \\ 1 & (j = i). \end{cases}$$

令

$$L_n(x) = \sum_{i=0}^{n} y_i l_i(x) = \sum_{i=0}^{n} y_i \left[\prod_{j=0,\,j\neq i}^{n} \frac{(x-x_j)}{(x_i-x_j)} \right].$$

则 $L_n(x)$ 满足 $L_n(x_i)=y_i(i=0,\,1,\,\cdots,\,n)$. 这里，易知 $L_n(x)$ 是一个次数不超过 n 的多项式.

例如，求下面数列的通项公式：

$$3,\,8,\,15,\,24,\,35,\,48,\,\cdots.$$

这个问题的答案就是

$$f(n) = 3 \cdot \frac{(n-2)(n-3)(n-4)(n-5)(n-6)}{(1-2)(1-3)(1-4)(1-5)(1-6)}$$

$$+ 8 \cdot \frac{(n-1)(n-3)(n-4)(n-5)(n-6)}{(2-1)(2-3)(2-4)(2-5)(3-6)}$$

$$+ 15 \cdot \frac{(n-1)(n-3)(n-4)(n-5)(n-6)}{(3-1)(3-3)(3-4)(3-5)(3-6)}$$

$$+ 24 \cdot \frac{(n-1)(n-3)(n-4)(n-5)(n-6)}{(4-1)(4-3)(4-4)(4-5)(4-6)}$$

$$+ 35 \cdot \frac{(n-1)(n-3)(n-4)(n-5)(n-6)}{(5-1)(5-3)(5-4)(5-5)(5-6)}$$

$$+ 48 \cdot \frac{(n-1)(n-3)(n-4)(n-5)(n-6)}{(6-1)(6-3)(6-4)(6-5)(6-6)}$$

$$= (n+1)^2 - 1 \tag{5.1}$$

实验 5.1：拉格朗日插值

例题 已知 $\sin 0 = 0$，$\sin\dfrac{\pi}{6} = \dfrac{1}{2}$，$\sin\dfrac{\pi}{4} = \dfrac{\sqrt{2}}{2}$，$\sin\dfrac{\pi}{3} = \dfrac{\sqrt{3}}{2}$，$\sin\dfrac{\pi}{2} = 1$. 利用拉格朗日插值计算 $\sin\dfrac{\pi}{5}$.

解 编写一个名为 lagrange.m 的 M 文件：

```
function y= lagrange(x0, y0, x)
  n= length(x0);
  m= length(x);
  for i= 1:m,
    y(i)= 0;
    for k= 1:n,
      p= 1;
      for j= [1:k- 1  k+ 1:n],
        p= p* (x(i)- x0(j))/(x0(k)- x0(j));
      end
      y(i)= y(i)+ y0(k)* p;
    end
  end
```

调用如下：

```
>> x= [0 1/6 1/4 1/3 1/2]* pi;
>> y= sqrt(0:4)/2;
>> y1= lagrange(x, y, pi/5)
y1=
    0.58781
```

我们知道 $\sin\dfrac{\pi}{5} = \dfrac{1}{2}\sqrt{\dfrac{5-\sqrt{5}}{2}} \approx 0.58778\cdots$，所以这个近似值还是相当准确的.

你可能会想象，多项式插值随着插值点越来越多，近似的效果就会越来越好. 但事情并没有这么简单. 20 世纪中期，龙格（Runge）给出了一个著名的例子：

实验 5.2：插值多项式的振荡

在区间 $[-5,5]$ 上，对函数 $f(x) = \dfrac{1}{1+x^2}$ 进行插值，节点取成等距的节点，即区间 $[-5, 5]$ 的等分点. 对于靠近区间端点的 $|x|$，随着等分点的增多，插值多项式 $L_n(x)$ 振荡越来越大. 事实上可以证明，仅当 $|x| \leqslant 3.63$ 时，才有 $\lim\limits_{n\to\infty} L_n(x) = f(x)$，而在此区间外，$L_n(x)$ 是发散的. 下面我们演示龙格现象.

```
function runge
 xx= linspace(-5, 5, 1000);
 yy= 1./(1+ xx.^2);
 for n= 1:18,
   clf;
   hold on;
   x = linspace(-5, 5, n+ 1);
   y = 1./(1+ x.^2);
   yn= lagrange(x, y, xx);
   plot(xx, yy,'r-', 'linewidth', 2);
   plot(xx, yn, 'b-');
   plot(x, y, 'k.', 'markersize', 10);
   title([num2str(n)'- order lagrange']);
   axis([-5  5  -4  8]);
   pause(1);
end
```

5.3.2　分段线性插值

用拉格朗日插值多项式 $L_n(x)$ 近似一个光滑函数 $f(x)$,虽然随着节点个数的增加,$L_n(x)$ 的次数 n 变大,多数情况下误差会变小. 但是某些情况下,$L_n(x)$ 的光滑性变坏,有时会出现很大的振荡. 理论上,当 $n \rightarrow \infty$ 时,在 $[a, b]$ 内并不能保证 $L_n(x)$ 处处收敛于 $f(x)$,例如龙格现象(图 5.1).高次插值多项式的这些缺陷,促使人们转而寻求简单的低次多项式插值.

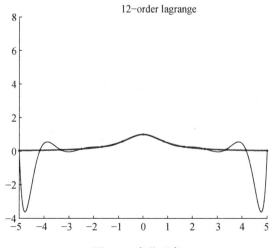

图 5.1　龙格现象

分段线性插值是一种简单的低次插值. 简单地说, 分段线性插值就是将每两个相邻的节点用线段连起来, 如此形成的一条折线就是插值函数. 若把插值函数记作 $I_n(x)$, 它满足 $I_n(x_i)=y_i(i=0, 1, \cdots, n)$, 且 $I_n(x)$ 在每个小区间 $[x_{i-1}, x_i](i=1, 2, \cdots, n)$ 上是线性函数.

$I_n(x)$ 可以表示为

$$I_n(x) = \sum_{i=0}^{n} y_i l_i(x), \tag{5.2}$$

其中,

$$l_i(x) = \begin{cases} \dfrac{(x-x_{i-1})}{(x_i-x_{i-1})}, & x \in [x_{i-1}, x_i] \quad (i>0), \\ \dfrac{(x-x_{i+1})}{(x_i-x_{i+1})}, & x \in [x_{i-1}, x_{i+i}] \quad (i<0), \\ 0, & \text{其他.} \end{cases} \tag{5.3}$$

当且仅当 $j=i$ 时, $l_i(x_j)=1$, 否则 $l_i(x_j)=0$. $I_n(x)$ 具有良好的收敛性, 即对于 $x\in[a, b]$ 有

$$\lim_{n\to\infty} I_n(x) = f(x). \tag{5.4}$$

用 $I_n(x)$ 计算 x 点的插值时, 只用了 x 左右的两个节点, 计算量与节点个数 n 无关. 但 n 越大, 分段越多, 插值误差越小. 实际上用函数表做插值计算时, 分段线性插值就足够了, 如数学、物理学中用的特殊函数表, 数理统计中用的概率分布表等. 前面举例的实验 5.1 正弦函数求值问题即可采用此方法.

MATLAB 语言中提供了一个插值函数 interp1, 其中就有选项可以完成分段线性插值. 它的调用格式为

```
y1= interp1(x, y, x1, method)
```

当 method 字符串取为 'linear' 时, 该命令就完成分段线性插值. 其中, x, y 是已知数据点的横、纵坐标, x1 是待求值点的横坐标, y1 是这些点的纵坐标.

实验 5.3: 分段线性插值

例题 已知某国家从 1900—2010 年的国民生产总值（GDP, 单位: 亿元）如下表, 请用插值估计 2005 年的 GDP 值.

年份	1900	1910	1920	1930	1940	1950
GDP 值	75.34	91.63	105.93	123.40	131.98	150.79
年份	1960	1970	1980	1990	2000	2010
GDP 值	179.34	204.23	224.67	242.38	265.17	289.25

解 在命令窗口输入如下:

```
>> year= 1900:10:2010;
>> gdp = [75.34, 91.63, 105.93, 123.40, 131.98, 150.79,…
        179.34, 204.23, 224.67, 242.38, 265.17, 289.25];
>> gdp2005= interp1(year, gdp, 2005)
>> xx= 1900:1:2010;
>> yy= interp1(year, gdp, xx, 'linear');
>> plot(year, gdp, 'o', xx, yy, 'r- ')
```

运行后,可以得到 GDP 插值图像如图 5.2 所示.

记得行末的三点表示续行. 如果不写这三点,可以等价地把下一行直接抄写在后面.

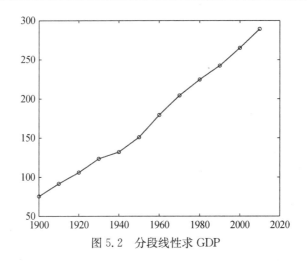

图 5.2 分段线性求 GDP

5.3.3 样条插值

许多工程技术中提出的计算问题对插值函数的光滑性有较高要求,如飞机的机翼外形,内燃机的进、排气门的凸轮曲线,汽车的外壳等,都要求曲线具有较高的光滑程度,不仅要连续,而且要有连续的曲率,这就导致了样条插值的产生.

所谓样条(spline),本来是工程设计中使用的一种绘图工具,它是富有弹性的细木条或细金属条.绘图员利用它把一些已知点连接成一条光滑曲线(称为样条曲线),并使连接点处有连续的曲率.在数学上,样条函数是具有一定光滑性的分段多项式函数.具体地说,给定区间 $[a, b]$ 的一个分划 $\Delta: a=x_0<x_1<\cdots<x_{n-1}<x_n=b$,如果函数 $s(x)$ 满足:

(1) 在每个小区间 $[x_{i-1}, x_i]$ $(i=1, 2, \cdots, n)$ 上,$s(x)$ 是 k 次多项式;

(2) $s(x)$ 在 $[a, b]$ 上具有 $k-1$ 阶连续导数.

则称 $s(x)$ 为关于分划 Δ 的 k 次样条函数,其函数曲线称为 k 次样条曲线. x_0, x_1, $\cdots$, x_n 称为样条节点, x_1, x_2, $\cdots$, x_{n-1} 称为内节点, x_0, x_n 称为边界点. 这类样条函数的全体称为 k 次样条函数空间,记为 $S_p(\Delta, k)$.

若 $s(x) \in S_p(\Delta, k)$,则 $s(x)$ 是关于分划 Δ 的 k 次多项式样条函数. 分段线性函数就是一次样条函数,而在实际中最常用的是 $k=2$ 和 $k=3$ 的情况,即二次样条函数和三次样条函数.

在 MATLAB 中也有内置的三次样条插值函数:

```
y = interp1(x0, y0, x, 'spline');
y = spline(x0, y0, x);
pp = csape(x0, y0, conds), y= ppval(pp, x);
```

其中,x0,y0 是已知数据点,x 是插值点,y 是插值点的函数值. 对于三次样条插值,推荐使用函数 csape. csape 命令的返回值是 pp 形式,要用它求插值点的函数值,最简单的方式是调用函数 ppval. csape 中的 conds 是三次样条中常见的边界条件,默认的值是 'complete',即边界为一阶导数,此时 y0 比 x0 多两个分量(最前的和最后的),第一个分量是区间左端点的一阶导数,最后一个分量是右端点的一阶导数. 其他常用的 conds 的选择包括:二阶边界条件 'second',周期边界条件 'periodic',非扭结条件 'not-a-knot' 等.

实验5.4：三次样条函数插值

例题 设表 5.1 中 x, y 数据位于机翼断面的轮廓线上,其中 y_1, y_2 分半对应轮廓线的上下轮廓. 假设需要得到 x 坐标间隔 0.1 的每点的 y_1, y_2 坐标,试完成这些数据的补充并画出图形.

表 5.1　机翼轮廓线

x	0	0.03	0.18	0.31	0.90	1.5	3.3	4.4	7.3	10.1	17.1	20.0
y_1	0	0.5	1.5	2.0	3.3	4.1	5.3	5.6	5.7	5.1	1.8	0
y_2	0	-0.5	-1.5	-2.0	-3.3	-4.1	-5.3	-5.6	-5.7	-5.1	-1.8	0

解 在命令行上输入如下:

```
>> x = [0 0.03 0.18 0.31 0.90 1.5 3.3 4.4 7.3 10.1 17.1 20.0];
>> y1= [0 0.5 1.5 2.0 3.3 4.1 5.3 5.6 5.7 5.1 1.8 0];
>> y2= -y1;
>> xx= linspace(0, 20, 1000);
>> pp1= csape(x, [0 y1 0],'second'); yy1= ppval(pp1, xx);
>> pp2= csape(x, [0 y2 0], 'second'); yy2= ppval(pp2, xx);
>> plot(xx, yy1, 'r- ', xx, yy2, 'r- ');
>> axis equal
```

得到图形如图 5.3 所示.

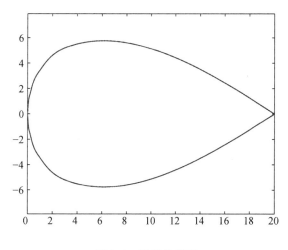

图 5.3　机翼的截面

MATLAB 中的 interp1(x0, y0, x,'method')也可以实现样条插值:
当'method'取 'linear' 或 'spline' 时就分别实现分段线性插值和样条插值.
实际上,'method' 的取值还可以有其他的形式,例如 'nearest'(最近项插值),
或者是 'cubic'(保凸性三次插值).

5.3.4　二维插值

若插值数据是单变量的,即形如(x_i, y_i),则命令为 interp1;如果插值数据
是二元的,形如(x_i, y_i, z_i),其中 x_i, y_i 是自变量,想要找到一个函数 $z = f(x,
y)$使得 $z_i = f(x_i, y_i)$,这就是一个二元插值问题. 通俗地讲,一元插值就是找一
条过指定点的曲线,二元插值则是找一个相应的曲面.

若插值的数据是有规则的网格形状,MATLAB 提供了一个函数 interp2 用
以求解:

已知 $m \times n$ 个节点:$(x_i, y_j, z_{ij})(i = 1, 2, \cdots, m; j = 1, 2, \cdots, n)$,且
$x_1 < x_2 < \cdots < x_m$, $y_1 < y_2 < \cdots < y_n$. 求点(x, y)处的函数值 z. MATLAB 中二
维插值的命令是 interp2:

```
z= interp2(x0, y0, z0, x, y, 'method')
```

其中 x0, y0 分别为 m 维和 n 维向量,表示节点坐标,z0 为 $n \times m$ 维矩阵,表示
节点值,x, y 为一维数组,表示欲求值的插值点,x 与 y 应是方向不同的向量,
即一个是行向量,另一个是列向量,返回值 z 为矩阵表示插值得到的函数值,
它的行数为 y 的维数,列数为 x 的维数,'method' 的用法同上面的一维插值.
和一元函数插值类似,其中最好的方法还是样条插值 spline.

实验 5.5：液面温度

例题 已知某液体表面温度抽样测量如下所示,请用 MATLAB 画出温度分布曲面.

x	1	2	3	4	5	6
$y=1$	14	10	11	14	13	18
$y=2$	16	22	28	35	47	20
$y=3$	18	21	26	32	28	20
$y=4$	20	25	30	33	32	26

解 在命令窗口输入如下:

```
>> x= 1:6; y= 1:4;
>> t= [14, 10, 11, 14, 13, 18;
       16, 22, 28, 35, 47, 20;
       18, 21, 26, 32, 28, 20;
       20, 25, 30, 33, 32, 26];
>> subplot(1, 2, 1);
>> mesh(x, y, t)
>> x1= 1:0.1:6;
>> y1= 1:0.1:4;
>> [X1, Y1]= meshgrid(x1, y1);
>> T1= interp2(x, y, t, X1, Y1, 'spline');
>> subplot(1, 2, 2);
>> mesh(X1, Y1, T1);
```

图形结果如图 5.4 所示.

5.3.5 散乱节点插值

若 z 是 x, y 的二元函数,且已知 n 个节点 $(x_i, y_i, z_i)(i=1, 2, \cdots, n)$,通常这些点在 $x-y$ 平面上的投影点不形成一个网格但也应不共线. 这种情况下,求点 (x, y) 处的函数值 z,称为散乱节点插值. 针对上述问题,MATLAB 提供了插值函数 griddata,其格式为

```
ZI= griddata(x, y, z, XI, YI)
```

其中 x, y, z 均为 n 维向量,指明散乱节点的横、纵坐标和相应的函数值. 向量 XI, YI 是给定的欲求值网格点的横、纵坐标,返回值 ZI 为网格 (XI, YI) 处的函数值. XI 与 YI 应是方向不同的向量,即一个是行向量,另一个是列向量,或者它们是由命令 [XI, YI]= meshgrid(xi, yi) 生成的矩阵.

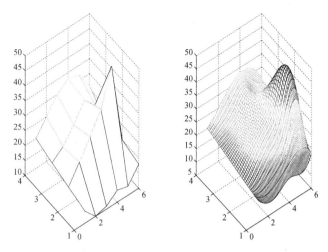

图 5.4   二维插值图形结果

实验5.6：水道数据测量

例题   在某海域测得一些点(x, y)处的水深z由表 5.2 给出,在矩形区域$(75,200)\times$
$(-50,150)$内画出海底曲面的图形.

表 5.2   水道数据

x	129	140	103.5	88	185.5	195	105	157.5	107.5	77	81	162	162	117.5
y	7.5	141.5	23	147	22.5	137.5	85.5	-6.5	-81.5	3	56.5	-66.5	84	-33.5
z	4	8	6	8	6	8	9	9	8	8	9	4	9

解   在 MATLAB 中编写程序如下:

```
>> x= [129  140  103.5  88  185.5  195  105  157.5  107.5  77  81  162
       162  117.5];
>> y= [7.5  141.5  23  147  22.5  137.5  85.5  -6.5  -81.5  3  56.5
       -66.5  84  -33.5];
>> z= [4  8  6  8  6  8  9  9  8  8  9  4  9];
>> [XI,YI]= meshgrid(75:200, -50:150);
>> ZI= griddata(x, y, -z, XI, YI);
>> mesh(XI, YI, ZI)
```

图形结果如 5.5 所示.

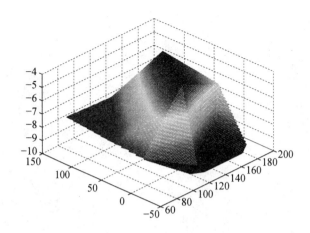

图 5.5　散乱节点插值示例

5.4　练习题

1. 用 0, $\dfrac{\pi}{6}$, $\dfrac{\pi}{4}$, $\dfrac{\pi}{3}$, $\dfrac{\pi}{2}$ 的余弦值进行拉格朗日插值求出 $\dfrac{\pi}{8}$ 的余弦值.

2. 下面哪些函数替换 Runge 现象中的 $\dfrac{1}{1+x^2}$,一样会出现振荡现象?

   (1) $|x|$; (2) $\cos(x)$; (3) x^3.

3. 能否不用 MATLAB 内置的 interp1 程序,自己完成一个分段线性插值程序?

4. 已知如下样本点的测量数据,试分别对其进行分段线性插值和三次样条插值.

x	1	2	3	4	5
y	244.0	221.0	208.0	211.5	216.0
x	6	7	8	9	10
y	219.0	208.1	213.5	220.5	232.7

5. 已知如下数据:

x	0.1	0.8	1.3	1.9	2.5	3.1
y	1.2	1.6	2.7	2.0	1.3	0.5

   用不同的插值方法求点 $x=2$ 的函数值,并分析所得结果有何不同.

6. 待加工零件的外形根据工艺要求由一组数据 (x, y) 给出(在平面情况下),

用程控铣床加工时,每一刀只能沿 x 方向和 y 方向走非常小的一步,这就需要从已知数据得到加工所要求的步长很小的 (x,y) 坐标.

x	0	3	5	7	9	11	12	13	14	15
y	0	1.2	1.7	2.0	2.1	2.0	1.8	1.2	1.0	1.6

上表中给出的 x,y 数据位于机翼断面的下轮廓线上,假设需要得到 x 坐标每改变 0.1 时的 y 坐标. 试完成加工所需数据, 画出曲线, 并求出 $x=0$ 处的曲线斜率和 $13 \leqslant x \leqslant 15$ 范围内 y 的最小值. 要求用拉格朗日、分段线性和三次样条三种插值方法计算.

7. 在一丘陵地带测量高程, x 和 y 方向每隔 100 m 测一个点, 得高程如下表(单位:m),试插值一曲面,确定合适的模型,并由此找出最高点和该点的高程.

x	100	200	300	400	500
$y=100$	636	697	624	478	450
$y=200$	698	712	630	478	420
$y=300$	680	674	598	412	400
$y=400$	662	626	552	334	310

第6章 马尔可夫链实验

6.1 实验导读

马尔可夫链,因俄罗斯数学家安德烈·马尔可夫(A. A. Markov,1856－1922年)得名,是离散时间离散状态的马尔可夫过程.在马尔可夫过程(具有无后效性)中,在给定当前知识或信息的情况下,只有当前的状态用来预测将来,过去(即当前以前的历史状态)对于预测将来(即当前以后的未来状态)是无关的.与马尔可夫链并列的马尔可夫过程有泊松过程(时间连续,状态离散)和维纳过程(时间连续,状态连续).

马尔可夫链所涉及的时间和状态的分布都离散,于是,马尔可夫链可以看作一步一步、每一步对应不同状态的集合.在马尔可夫链的每一步,可以从一个状态变为另一个状态,也可以保持当前状态,状态的改变叫做过渡,与不同的状态改变相关的概率叫做过渡概率(一步转移概率).例如,随机漫步就属于马尔可夫链.随机漫步中每一步的状态是在图形中的一个点,每一步可以移动到任何一个相邻的点,在这里移动到每一个点的概率都是相同的(无论之前漫步路径是如何的).

需要注意的是,应用马尔可夫链预测的基本要求是状态转移概率矩阵必须具有一定的稳定性.因此,必须具有足够的统计数据,才能保证预测的精度与准确性.换句话说,马尔可夫预测模型必须建立在大量的统计数据基础之上.经过世界各国几代数学家的相继努力,至今马尔可夫链已成为内容十分丰富,理论上相当完整,应用也十分广泛的一门数学分支.它的应用领域涉及计算机、通讯、自动控制、随机服务、可靠性、生物、经济管理、气象、物理和化学等.

6.2 实验目的

1. 了解马尔可夫过程和马尔可夫链;
2. 学会利用马尔可夫链解决问题.

6.3　实验内容与要求

6.3.1　随机过程

一个随机试验的结果有多种可能性,在数学上用一个随机变量(或随机向量)来描述.在许多情况下,人们不仅需要对随机现象进行一次观测,而且要进行多次观测,甚至接连不断地观测它的变化过程.这就要研究无限多个,即一族随机变量.随机过程理论就是研究随机现象变化过程的概率规律性.

定义 6.1　设 $\{X(t), t \in T\}$ 是一族随机变量,T 是一个实数集合,若对任意实数 $t \in T$,$X(t)$ 是一个随机变量,则称 $\{X(t), t \in T\}$ 为**随机过程**.

T 称为参数集合,参数 t 可以看作时间.$X(t)$ 的每一个可能取值称为随机过程的一个状态.其全体可能取值所构成的集合称为状态空间,记作 E.当参数集合 T 为非负整数集时,随机过程又称随机序列.

> **实验 6.1：产品质量检验**
>
> 一条自动生产线上检验产品质量,每次取一个,"废品"记为 1,"合格品"记为 0.以 $X(n)$ 表示第 n 次检验结果,则 $X(n)$ 是一个随机变量.不断检验,得到一列随机变量 $X(1)$, $X(2)$, $\cdots$,记为 $\{X(n), n=1, 2, \cdots\}$.它是一个随机序列,其状态空间 $E=\{0, 1\}$.

6.3.2　马尔可夫链及其转移概率

马尔可夫链是参数离散、状态离散的最简单的马尔可夫过程,也是一种随机过程.在马尔可夫链 $\{X(t), t \in T\}$ 中,一般取参数空间 $T=\{0, 1, 2, \cdots\}$.马尔可夫链的状态空间 E 的一般形式是 $E=\{0, 1, 2, \cdots\}$.

定义 6.2　一个随机序列 $\{X(t), t=1, 2, 3, \cdots\}$,取值于正整数空间 $E=\{0, 1, 2, \cdots\}$,或者 E 的子集,如果有:

$$P\{X(t_n) = x_n \mid X(t_1) = x_1, \cdots, X(t_{n-1}) = x_{n-1}\}$$
$$= P\{X(t_n) = x_n \mid X(t_{n-1}) = x_{n-1}\}, \tag{6.1}$$

对于所有 $x_i \in E$, $i=1, 2, \cdots$ 成立,则称序列 $\{X(t), t=1, 2, 3, \cdots\}$ 为**马尔可夫(Markov)链**.

这种序列具有马尔可夫性,也称无后致性.简单理解就是,第 n 时刻发生各事件概率仅由第 $n-1$ 时刻来确定,与这之前的其他时刻 $n-2$, $n-3$, $\cdots$, 1 无关,即"将来"会怎样只与"现在"有关而与"过去"无关.注意这里 t 和 i 均取整数.

马尔可夫链序列 $\{X(t), t=1, 2, 3, \cdots\}$ 中的某一个变量 $X(t_i)$ 的数值一定为 $E=\{0, 1, 2, \cdots\}$ 中的某一个元素 x_i,称 x_i 为随机序列的一个状态.马尔可夫链就是从一个状态按照概率不停变换成以后各种状态的状态序列.

马尔可夫链的统计特性用条件概率（状态转移概率）来描述，习惯上把转移概率记作矩阵 $P(t)$. $P(t)$ 的 (i, j) 元素为

$$P(t)_{ij} = P\{X(t+1) = j \mid X(t) = i\}. \tag{6.2}$$

这称为马尔可夫链的一步转移概率. 很显然，有 $P(t)_{ij} \geqslant 0$，且 $\sum_j P(t)_{ij} = 1$.

一个马尔可夫链是平稳的，如果它与时刻无关，即 $P(t) = \mathbf{P}$. 这样，$\mathbf{P}$ 是一个所有元素非负且行元素之和为 1 的矩阵，称为概率矩阵. 记 $e = (1, 1, \cdots, 1)$ 是一个元素全为 1 的向量，易知，$e\mathbf{P} = \mathbf{P}$. 若 $\mathbf{P}$ 为概率矩阵，$\mathbf{P}^k$ 也是，实际上，$P_{ij}^k = P\{X(t+k) = j \mid X(t) = i\}$.

当某个实际问题可以用马尔可夫链来描述时，首先要确定它的状态空间及参数集合，然后确定它的一步转移概率. 关于这一概率的确定，可以由问题的内在规律得到，也可以由过去经验给出，还可以根据观测数据来进行估计.

实验 6.2：老式计算机

例题　计算机机房的一台计算机经常出故障，研究者每隔 15 min 观察一次计算机的运行状态，收集了 24 h 的数据（共做了 97 次观察）. 用 1 表示正常状态，用 0 表示不正常状态，所得的数据序列如下：

```
1110010011111100111101111100111111111000110110 1
1110110110101111011101111011111100110111111100111
```

求出该计算机在正常和不正常状态间过渡的概率矩阵.

解　设 $X(n)$ $(n = 1, \cdots, 97)$ 为第 n 个时段的计算机状态，可以认为它是一个稳态的马尔可夫链，状态空间 $E = \{0, 1\}$，编写如下 MATLAB 程序：

```
a1 = '1110010011111100111101111100111111111000110110 1';
a2 = '1110110110101111011101111011111100110111111100111';
a = [a1 a2];
f00 = length(findstr('00', a))
f01 = length(findstr('01', a))
f10 = length(findstr('10', a))
f11 = length(findstr('11', a))
format rat;
P = [ [f00  f01]/(f00+ f01)
      [f10  f11]/(f10+ f11) ]
```

或者

```
a = [1110010011111110011110111111001111111...
    10001101101111011011010111101110111101...
    1111100110111111100111];
P = zeros(2);
for k = 1:length(a)- 1,
    i = a(k) + 1;
    j = a(k+ 1) + 1;
    P(i, j) = P(i, j) + 1;
end
for k = 1:2,
  P(k, :) = P(k, :) / sum( P(k, :) );
end
P
```

求得 96 次状态转移的情况是: $0 \to 0$, 8 次; $0 \to 1$, 18 次; $1 \to 0$, 18 次; $1 \to 1$, 52 次. 因此, 一步转移概率可用频率近似地表示为

$$P = \begin{bmatrix} 4/13 & 9/13 \\ 9/35 & 26/35 \end{bmatrix}. \tag{6.3}$$

实验 6.3: 顾客买盐问题

例题　顾客的购买是无记忆的, 已知现在顾客购买情况, 未来顾客的购买情况不受过去购买历史的影响, 而只与现在购买情况有关. 现在市场上供应 A, B, C 三个不同厂家生产的 50 g 袋装盐, 用 $X(n) = 1, X(n) = 2, X(n) = 3$ 分别表示"顾客第 n 次购买 A, B, C 厂的盐". 显然, $\{X(n), n = 1, 2, \cdots\}$ 是一个马尔可夫链. 若已知第一次顾客购买三个厂盐的概率依次为 0.2, 0.4, 0.4. 又知道一般顾客购买的倾向由下表给出, 求顾客第四次购买各家盐的概率. 如果 N 非常大, 你知道顾客第 N 次买盐会到哪家吗?

	下次购买 A	下次购买 B	下次购买 C
上次购买 A	0.8	0.1	0.1
上次购买 B	0.5	0.1	0.4
上次购买 C	0.5	0.3	0.2

解　第一次购买的概率分布为 $u = (0.2, 0.4, 0.4)^{\mathrm{T}}$, 转移矩阵

$$P^{\mathrm{T}} = \begin{bmatrix} 0.8 & 0.1 & 0.1 \\ 0.5 & 0.1 & 0.4 \\ 0.5 & 0.3 & 0.2 \end{bmatrix} \tag{6.4}$$

则顾客第二次购买各家盐的概率为 Pu, 第三次购买各家盐的概率为 P^2u, 第四次购买各家盐的概率为

$$P^3u=(0.7004, 0.136, 0.1636).$$

记 $\omega_k=P^ku$, 则 $\omega_{k+1}=P\omega_k$. 如果顾客到某家买盐, 在比较远的时间点上, 即在 N 很大时, P^Nu 趋于某个概率分布, 记为 ω^*, 则 $\omega^*=\omega^*P$, 即 ω^* 是 P 的一个右特征向量(实际上是对应特征值 1 的右特征向量).

编写 MATLAB 程序如下:

```
>> [V, D]= eig(P)      %  MATLAB 求的是右特征向量
V =
 -0.9620   -0.8111   -0.0000
 -0.1764    0.3244   -0.7071
 -0.2084    0.4867    0.7071
D =
 1.000 0    0        0
     0    0.3000     0
     0      0      -0.2000
>> V(:, 1) sum(V(:, 1))        %  第一列对应最大的特征值, 即 1
ans =
    0.7143
    0.1310
    0.1548
```

这个极限状态和初始的 u 无关, 即便开始仅有 20% 的可能买 A 厂的盐, 长远地看, 也能有 71.43% 的可能会买 A 厂的盐. 当然, B, C 厂的盐也会有非零的概率购买. 这种马尔可夫链称为正则链.

注: 在马尔可夫链中, 称 $p_{ii}=1$ 的状态 i 为吸收状态. 如果一个马尔可夫链中至少包含一个吸收状态, 并且从每一个非吸收状态出发, 都可以到达某个吸收状态, 那么这个马尔可夫链称为吸收链.

6.4　练习题

1. 社会学的某些调查结果指出, 儿童受教育的水平依赖于他们父母受教育的水平. 调查过程是将人们划分为三类: E 类, 这类人具有初中或初中以下的文化程度; S 类, 这类人具有高中文化程度; C 类, 这类人受过高等教育. 当父亲或者母亲中的文化程度较高者是这三类人中某一类型时, 其子女将属于这三种

类型中的任一种的概率由下面的矩阵给出：

$$T_c = \begin{array}{c} \text{父} \\ \text{或} \\ \text{母} \end{array} \begin{array}{c} \\ E \\ S \\ C \end{array} \begin{array}{ccc} \overset{\text{子}}{E} & & \overset{\text{女}}{C} \\ S & \\ \begin{bmatrix} 0.7 & 0.2 & 0.1 \\ 0.4 & 0.4 & 0.2 \\ 0.1 & 0.2 & 0.7 \end{bmatrix} \end{array}$$

(1) 属于 S 类的人们中,其第三代将接受高等教育的概率是多少?

(2) 假设不同的调查结果表明,如果父母之一受过高等教育,那么他们的子女总可以进入大学,修改上面的转移矩阵.

(3) 根据(2)的解,每一类型人的后代平均要经过多少代,最终都可以接受高等教育?

2. 学校校园有三个摩拜单车还车处.学生们可在甲、乙、丙三处任意租单车和还车. 今摩拜公司准备在上述三处之一设立摩拜维修处,初步确定在单车集中比较多的一处设置.根据统计资料,同学们在上述三处还车的概率如下表所示,试确定应在何处设单车维修处.

	还车处甲	还车处乙	还车处丙
租车处甲	0.8	0.2	0
租车处乙	0.2	0.0	0.8
租车处丙	0.2	0.2	0.6

3. 某供应特需商品的商店,每周只在周末营业一天,该店对某种奢侈品商品的库存,采用下述订货策略:如结存 0 件或 1 件时,则一次订购 3 件,如结存超过 1 件时就不订购.凡在周末停止营业时订购的商品是为了准备在下周末出售,假设其可以准时到货.这一订货策略保证商品的初始库存量只能是 2 件、3 件或 4 件.又根据统计,该商品每周的需求量为 0,1,2,3 件的概率分别为 0.4,0.3,0.2 和 0.1,(1)试建立一个转移概率矩阵,用以说明由本周初始库存状态转为下周初始状态的概率;(2)在达到稳定条件下,确定库存量为 2,3,4 的概率;(3)有多大的可能会碰上某个顾客咨询购买但商店没有货供应?

4. 色盲是 X-链遗传,由两种基因 A 和 a 决定.男性只有一个基因 A 或 a,女性有两个基因 AA,Aa 或 aa,当基因为 a 或 aa 时呈现色盲.基因遗传规律为:男性等概率地取母亲的两个基因之一,女性取父亲的基因外又等概率地取母亲的两个基因之一. 由此可知,母亲色盲则儿子必色盲,但女儿不一定. 试用马尔可夫链研究:(1) 若近亲结婚,其后代的发展趋势如何? 若父亲非色盲而母亲色盲,问平均经多少代,其后代就会变为全色盲或全不色盲,两者的概率各为多少?(2) 若不允许双方均色盲的人结婚,情况会怎样?

第7章 数据拟合实验

7.1 实验导读

曲线拟合问题是指，已知一组（二维）数据，即平面上的 n 个点 (x_i, y_i) $(i = 1, 2, \cdots, n)$，x_i 互不相同，寻求一个函数（曲线）$y = f(x)$，使 $f(x)$ 在某种准则下与所有数据点最为接近，即曲线拟合得最好.

7.1.1 最小二乘法

最小二乘法是解决曲线拟合问题最常用的方法. 其基本思路是：令

$$f(x) = a_1 \varphi_1(x) + a_2 \varphi_2(x) + \cdots + a_m \varphi_m(x), \tag{7.1}$$

其中，$\varphi_k(x)$ 是事先选定的一组线性无关的函数，a_k 是待定系数（$k = 1, 2, \cdots, m, m < n$）. 拟合准则是使 $y_i (i = 1, 2, \cdots, n)$ 与 $f(x_i)$ 的距离 δ_i 的平方和最小，称为最小二乘准则.

记

$$I(a_1, a_2, \cdots, a_m) = \sum_{i=1}^{n} \delta_i^2 = \sum_{i=1}^{n} \left[f(x_i) - y_i \right]^2,$$

为求 $a_1, a_2, \cdots, a_m$ 使 I 达到最小，只需利用极值的必要条件 $\dfrac{\partial I}{\partial a_j} = 0 (j = 1, 2, \cdots, m)$，得到关于 $a_1, a_2, \cdots, a_m$ 的线性方程组

$$\sum_{i=1}^{n} \varphi_j(x_i) \left[\sum_{k=1}^{m} a_k \varphi_k(x_i) - y_i \right]^2 = 0,$$

即

$$\sum_{k=1}^{m} a_k \left[\sum_{i=1}^{n} \varphi_j(x_i) \varphi_k(x_i) \right]^2 = \sum_{i=1}^{n} \varphi_j(x_i) y_i \quad (j = 1, 2, \cdots, m).$$

记

$$G = \begin{pmatrix} \varphi_1(x_1) & \cdots & \varphi_m(x_1) \\ \vdots & \ddots & \vdots \\ \varphi_1(x_n) & \cdots & \varphi_m(x_n) \end{pmatrix}_{n \times m}, \tag{7.2}$$

$$A = (a_1, a_2, \cdots, a_m)^T, \quad Y = (y_1, y_2, \cdots, y_n)^T, \tag{7.3}$$

方程组(7.2)可表示为

$$G^T G A = G^T Y. \tag{7.4}$$

当 $\varphi_1(x)$，$\cdots$，$\varphi_m(x)$ 线性无关时，G 列满秩，$G^T G$ 可逆，于是方程组(7.4)有唯一解

$$A = (G^T G)^{-1} G^T Y. \tag{7.5}$$

针对一组数据 $(x_i, y_i)(i = 1, 2, \cdots, n)$，用上述最小二乘法作曲线拟合时，首要也是关键的一步是恰当地选取 φ_1，$\cdots$，φ_m. 如果通过机理分析，能够知道 y 与 x 之间应该有什么样的函数关系，则 $\varphi_1(x)$，$\cdots$，$\varphi_m(x)$ 容易确定. 若无法知道 y 与 x 之间的关系，通常可以将数据 $(x_i, y_i)(i = 1, 2, \cdots, n)$ 作图，直观地判断应该用什么样的曲线去作拟合. 现实中人们常用的拟合曲线有多项式 $y = a_0 + a_1 x + \cdots + a_n x^n$，指数曲线 $y = a_1 e^{a_2 x}$ 等. 对于指数曲线，拟合前需作变量代换(两边取对数)，化为对 a_1，a_2 的线性函数.

已知一组数据，用什么样的曲线拟合最好，可以在直观判断的基础上，选几种曲线分别拟合，然后比较，看哪条曲线的最小二乘指标 I 最小.

7.1.2 最小二乘优化

在无约束最优化问题中，有些重要的特殊情形，比如目标函数由若干个函数的平方和构成. 这类函数一般可以写成：

$$F(x) = \sum_{i=1}^{m} f_i^2(x), \quad x \in R^n, \tag{7.6}$$

其中 $x = (x_1, \cdots, x_n)$，通常要求 $m \geqslant n$. 我们把极小化这类函数的问题：

$$\min F(x) = \sum_{i=1}^{m} f_i^2(x) \tag{7.7}$$

称为最小二乘优化问题. 最小二乘优化是一类比较特殊的优化问题，在解决这类问题时，MATLAB 也提供了一些强大的函数. 在 MATLAB 优化工具箱中，用于求解最小二乘优化问题的函数有：lsqlin, lsqcurvefit, lsqnonlin, lsqnonneg，用法介绍见以下的实验内容.

7.2 实验目的

1. 熟悉各种数据拟合的理论；
2. 熟练掌握数据拟合的 MATLAB 命令；
3. 熟练运用数据拟合的 MATLAB 命令编程和处理数据.

7.3 实验内容

7.3.1 多项式拟合

一般多项式拟合的目标是找出一组多项式系数 $a_i(i = 0, 1, \cdots, n)$，使得多项式

$$\varphi(x) = a_n x^n + a_{n-1} x^{n-1} + \cdots + a_1 x + a_0$$

能够较好的拟合原始数据. 和前面介绍的插值算法不同，拟合并不能保证每个样本点都在拟合的曲线上，但能使得整体的拟合误差较小.

多项式拟合可以通过 MATLAB 提供的 polyfit 函数实现，其调用格式为

```
p = polyfit(x, y, n)
```

其中，x 和 y 为原始的样本点构成的向量，n 为选定的多项式次数，得出的 p 为多项式系数按降幂排列得出的行向量，可以用符号运算工具箱中的 ploy2sym 函数将其转换成真正的多项式形式，也可以使用 polyval 函数求取多项式的值.

实验 7.1：多项式拟合

例题 已知一组样本数据如下，求数据拟合的三阶多项式.

x	0.5	1	1.5	2.4	2.5	3
y	1.75	2.45	3.81	4.80	7.00	8.60

解 在命令窗口输入如下:

```
>> x = [0.5, 1.0, 1.5, 2.4, 2.5, 3];
>> y = [1.75, 2.45, 3.81, 4.80, 7.00, 8.60];
>> p = polyfit(x, y, 3)
```

运行输出如下:

```
p =
 0.4754  -1.7353  3.7433  0.1947
```

即所得的拟合多项式为

$$f(x) = 0.4754x^3 - 1.7353x^2 + 3.7433x + 0.1947.$$

```
>> xx = linspace(0, 4, 100);
>> yy = polyval(p, xx);
>> plot(xx, yy, 'r-', 'x, y', 'bo');
```

拟合曲线效果如图 7.1 所示.

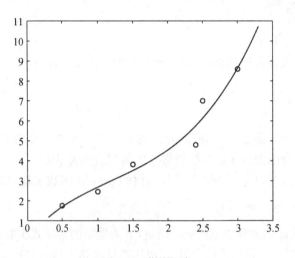

图 7.1 曲线拟合

7.3.2 最小二乘曲线拟合

假设有一组数据 $(x_i, y_i)(i = 1, 2, \cdots, n)$，且已知这组数据满足某一函数原型 $\hat{y} = f(a, x)$，其中 a 为待定系数向量，则最小二乘曲线拟合的目标就是求出这一组待定系数值，使得目标函数

$$J(a) = \sum_{i=1}^{n} (y_i - f(a, x_i))^2$$

为最小.

在 MATLAB 的最优化工具箱中提供了 lsqcurvefit 函数，可以解决最小二乘曲线拟合问题. 该函数的调用格式为

```
[a,Jm] = lsqcurvefit(fun, a0, x, y)
```

其中，fun 为原型函数的 MATLAB 表示，可以是 M 函数或者 inline 函数的形式，a0 为变量 a 的初值(估计值)，x，y 为原始数据向量，调用后返回待定系数 a 以及在此待定系数下目标函数的值 Jm.

实验 7.2：世界人口预测

例题　300 多年来世界人口增长如下表所示：

年份	1 650	1 750	1 820	1 900	1 925	1 950
世界人口/亿	5	8	10	17	20	25
年份	1960	1974	1982	1987	1999	2010
世界人口/亿	30	40	45	50	60	70

已知世界人口数据满足如下方程（$N(t)$ 是时间 t 的世界人口数），请估算 2025 年世界人口数.

$$N(t) = \frac{M}{1 + \left(\frac{M}{N_0} - 1\right) e^{-rt}},$$

其中，r 是人口增长率，N_0 是初始 $t = 0$ 的人口数，M 是理论人口上限.

解　在命令窗口输入如下：

```
>> format long g
>> t = [1650 1750 1820 1900 1925 1950 1960 1974 1982 1987
      1999 2010];
>> N = [5 8 10 17 20 25 30 40 45 50 60 70];
>> f = inline('a(1)./(1+ (a(1)/5- 1)* exp(- a(2)* t))', 'a', 't');
>> [a, Jm] = lsqcurvefit(f, [300, 0.0004], t- t(1), N)
 Optimization terminated successfully:
 Relative function value changing by less than OPTIONS.TolFun
 a =
   692300.202872013      0.00667411734526821
 Jm = 801.005539927074
>> tt = linspace(0, 500);
>> NN = f(a, tt);
>> plot(tt+ t(1), NN, 'r- ', t, N, 'bo')
```

人口拟合曲线效果如图 7.2 所示. 这里，将 1650 年当成初始时刻.

　　MATLAB 中还有各种最小二乘优化的函数. 例如 lsqlin，lsqnonlin 和 lsqnonneg. 比如求解

$$\min_x \frac{1}{2} \parallel \boldsymbol{Cx} - \boldsymbol{d} \parallel_2^2, \text{s. t.} \begin{cases} \boldsymbol{Ax} \leqslant \boldsymbol{b}, \\ \boldsymbol{A}_{eq} \cdot \boldsymbol{x} = \boldsymbol{b}_{eq}, \\ \boldsymbol{lb} \leqslant \boldsymbol{x} \leqslant \boldsymbol{ub}, \end{cases} \tag{7.8}$$

其中 $\boldsymbol{C}, \boldsymbol{A}, \boldsymbol{A}_{eq}$ 为矩阵，$\boldsymbol{d}, \boldsymbol{b}, \boldsymbol{b}_{eq}, \boldsymbol{lb}, \boldsymbol{ub}, \boldsymbol{x}$ 为向量. MATLAB 中的函数为

```
x = lsqlin(C, d, A, b, Aeq, beq, lb, ub, x0)
```

其中，x0 为初始的估计值.

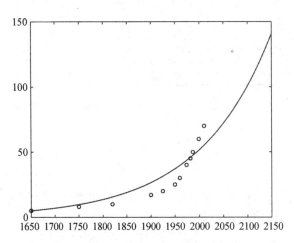

图 7.2   人口拟合曲线

实验 7.3：带约束的最小二乘

例题   使用函数 $y = ax^2 + b\cos x + c$ 拟合下表的数据，要求 $0 \leqslant a, b, c \leqslant 1$，$a + b + c = 1$ 且 $a \leqslant c$：

x	0	0.2	0.4	0.6	0.1	1
y	0.63	0.43	0.74	0.79	0.58	1.01

解   编写程序如下：

```
>> x = linspace(0, 1, 6)';
>> y = [ 0.63 0.43 0.74 0.79 0.58 1.01 ]';
>> C = [ x.^2 cos(x) ones(size(x)) ];
>> d = y;
>> A = [1  0  -1];
>> b = 0;        % a- c <= 0
>> Aeq = [1 1 1];
>> beq = 1;        % a+ b+ c == 1
>> lb = [0 0 0];      % 0<= a, b, c
>> ub = [1 1 1];      %  a, b, c<= 1
>> X = lsqlin(C, d, A, b, Aeq, beq, lb, ub)
```

```
X =
     0.42784651172737
     0.144306976545259
     0.42784651172737
```

这里, X 的三个分量分别是最佳的 a, b, c 的值.

7.4　练习题

1. 根据以下样本点的数据, 进行 4 次多项式的拟合.

x	1	2	3	4	5
y	244.0	221.0	208.0	211.5	216.0
x	6	7	8	9	10
y	219.0	208.1	213.5	220.5	232.7

2. 分别用 2, 3, 4, 5 次多项式来逼近 $[2, 3]$ 上的余弦函数 $\cos x$, 并做出拟合曲线及 $\cos x$ 函数曲线图, 了解多项式的逼近程度和有效拟合区间随多项式的次数的变化有何变化.

3. 用最小二乘法求一个形如 $y = a + bx^2$ 的经验公式, 使它与下表所示的数据拟合.

x	19	25	31	38	44
y	19.0	32.3	49.0	73.3	97.8

4. 某乡镇企业 1990—1996 年的生产利润如下表. 试预测 1997 和 1998 年的利润.

年份	1990	1991	1992	1993	1994	1995	1996
利润/万元	70	122	144	152	174	196	202

5. 一个物体悬挂在风洞中, 在不同风速下, 物体受到的压力如下表, 试使用各种模型预测物体在风速 55 m/s 时所受压力.

风速/(m/s)	10	20	30	40	50	60	70
压力/N	23	55	330	530	590	870	980

第8章 随机游走实验

数学中居然还有这样的定理.

定理 8.1 喝醉的酒鬼总能找到回家的路,喝醉的小鸟则可能永远也回不了家.

假设有一条水平直线,从某个位置出发,每次有一半可能向左走 1 米,有一半可能向右走 1 米.按照这种方式无限地随机游走下去,最终能回到出发点的概率是多少? 答案是 100%. 这个定理是著名数学家波利亚(George Pólya)于 1921 年证明的,被称为随机游走问题.在一维随机游走过程中,只要时间足够长,最终总能回到出发点.

现在考虑一个喝醉的酒鬼,他在城市的街道上随机游走.假设整个街道系统呈正方形网格状分布,酒鬼每走到一个十字路口,都会概率均等(1/4)地选择一条路继续走下去,包括刚才来时的那条路.那么他最终能够回到出发点的概率是多少? 其实答案也还是 100%. 即便刚开始这个醉鬼可能会越走越远,但最后他总能找到回家路.

不过,醉酒的小鸟就没有这么幸运了.假如一只小鸟飞行时,简化地也有这么一个网格,小鸟每次都从上、下、左、右、前、后中概率均等(1/6)地选择一个方向,那么它很有可能永远也回不到出发点了.事实上,在三维网格中随机游走,最终能回到出发点的概率只有大约 34%. 随机游走问题,随着维度的增加,回到出发点的概率将变得越来越低.

1. 了解随机游走问题;
2. 学会简单的计算可视化.

8.3 实验内容

8.3.1 随机游走程序

实验 8.1：随机游走程序

下面的程序实现了随机游走的功能,利用生成的随机数是否大于 $\frac{1}{2}$ 来产生一个概率为 $\frac{1}{2}$ 的事件.

```
function walk1
  done= 0;
  x   = 0;
  count= 0;
  while~done,
    if rand> = 1/2,
      dx= 1;
    else
      dx= -1;
    end;
    count= count+ 1
    x= x+ dx;
    if x= = 0,
      done= 1;
    end
  end
```

如果把这里的游走过程用示意图表示出来,我们可以有如下的程序. 程序中从 32 列处开始的部分是专门为了实现计算的可视化的. 这些功能包括:划线,选择箭头方向,控制坐标轴,显示标题等.

实验 8.2：随机游走程序的可视化

随机游走可视化程序如下:

```
function rndwalk1
  done= 0;
  x   = 0;          mx= 1;
  count= 0;              close; hold on;
  while~done,
    if rand> = 1/2,
```

```
    dx= 1;          s= '> ';
else
    dx= -1;           s= '< ';
end;
count= count+ 1;
                plot([x x+ dx], -count* [1 1], 'r- ');
                plot(x+ dx, -count, s);
                mx= max(mx, abs(x+ dx));
                p= -2^nextpow2(count)- 1;
                axis([-mx mx p 1]);
                title(num2str(count));
                pause(0.5);
    x= x+ dx;
    if x= = 0,
        done= 1;
    end
end
```

因为定理 8.1，一维问题总能停止，所以这里我们没有考虑模拟时 while 循环可能不停止的情况. 如图 8.1 是运行可视化程序得到的图形.

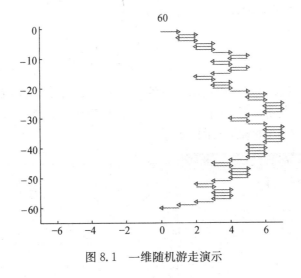

图 8.1　一维随机游走演示

二维随机游走问题有可能会模拟比较长的时间.

实验 8.3:二维随机游走

二维随机游走及其可视化.

```
function rndwalk2
  done= 0;              s= '^< v> ';
  x  = [0 0];          mx= 1;
                       close; hold on;
  count= 0;            plot(0, 0,'r.', 'Markersize', 24);
  while~done,
    k= ceil(rand* 4);
    t= k* pi/2;
    dx= [cos(t) sin(t)];
    xn= x+ dx;
    count= count+ 1;
        plot([x(1) xn(1)], [x(2) xn(2)]);
        plot(xn(1), xn(2), s(k),...
          'Markersize', 3);
        mx= max(mx, max(abs(xn)));
        axis([- mx mx - mx mx]);
        title(num2str(count));
        axis('equal','off');
        pause(0.1);
    x= xn;
    if all(abs(x)< = 0.1),
        done= 1;
    end
  end
end
```

如图 8.2 是二维随机游走问题的可视化.

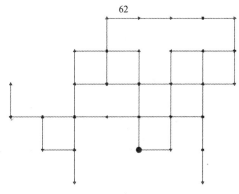

图 8.2　二维随机游走演示

可以看到二维随机游走会产生正方形的网格. 你能把这个正方形网格改造成六边形网格随机游走问题吗? 此时,从任意点出发,可以往六个方向等概率地随机走一步.

8.3.2   布朗运动

看似连成一片的液体,在高倍显微镜下观察其实是由许许多多分子组成的. 液体分子不停地做无规则的运动,不断地随机撞击悬浮微粒. 当悬浮的微粒足够小的时候,由于受到的来自各个方向的液体分子的撞击作用是不平衡的. 在某一瞬间,微粒在某一个方向受到超强撞击作用的时候,致使微粒又向其他方向运动,这样,引起微粒的无规则的运动就是布朗运动.

可以假定每个时刻布朗运动在方向上是均匀分布的,而运动距离满足某种正态分布. 这样可以在计算机中模拟布朗运动.

实验 8.4:布朗运动

例题   模拟布朗运动.

解   编写程序如下:

```
function brown
  clf;
  hold on;
  xo= [0 0];
  tic;
  while toc< = 10,
    xn= xo+ randn(1, 2);
    plot([xo(1) xn(1)], [xo(2) xn(2)], 'r- ');
    xo= xn;
    % axis('equal', [- 100 100 - 100 100]);
    drawnow;
  end
```

在 MATLAB 上运行,可以得到如图 8.3 的图形.

8.4 练习题

1. 模拟三维随机游走模型. 你得假设一个(足够大的)距离,一旦离出发点超过这个距离,就认定不可能再回来. 这样可以把模拟过程控制在有限的时间内.

2. 如果你有 10 元,庄家有 2 000 元. 你和庄家赌博,每一局你赢的概率是 75%,庄家只有 25% 的概率赢. 每一局的赌注为 1 元,你可以控制在任何时候结束这个游戏,或者你输光了被迫停止游戏. 模拟这个赌博过程. 有多大的机会你

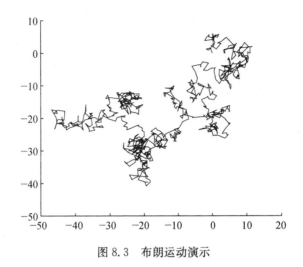

图 8.3　布朗运动演示

　　能赢光庄家的钱? 对你来讲,最佳的策略是什么?

3. 在合适的假设下,模拟一定时间内多个粒子的布朗运动.

4. 给定一个网络的连接方式. 假设一个邮包在网络中随机游走,它可以从一台计算机随机发送到和它相连接的另一台计算机. 模拟这个过程,你能得出足够长时间后,这个邮包在某台计算机上的概率吗?

第9章 差分方程实验

9.1 实验导读

差分方程就是离散化了的微分方程,例如把时间节点离散化,记为 1, 2, $\cdots$, n, $\cdots$,如果序列 $\{x_n\}$ 对于所有 $n(n > r)$ 满足形式 $x_n = f(x_{n-1}, \cdots, x_{n-r})$,我们就称它满足差分方程 $x_n = f(x_{n-1}, \cdots, x_{n-r})$. 如果 f 是一个线性函数,称该方程为线性差分方程,若又有 f 不含常数项,则称为齐次线性差分方程. 一个差分方程的解,也就是序列 $\{x_n\}$ 的通项公式. 差分方程可以用来刻画离散时间节点的现象,是一个非常有用的数学工具.

9.2 实验目的

1. 掌握差分方程的基本理论与方法;
2. 了解生成函数方法的基本原理;
3. 了解 Leslie 模型.

9.3 实验内容

9.3.1 线性差分方程的基本理论

方程 $x_n = a_1 x_{n-1} + a_2 x_{n-2} + \cdots + a_r x_{n-r} + b_n$,$n > r$,称为 r 阶线性差分方程;若 $a_j(j = 1, 2, \cdots, r)$ 与 n 无关,则称之为常系数差分方程;$b_n = 0$ 时的方程称为原方程对应的齐次差分方程. 如果齐次方程有形如 $x_n = \lambda^n$ 的解,则

$$\lambda^r = a_1 \lambda^{r-1} + a_2 \lambda^{r-2} + \cdots + a_r,$$

这个关于 λ 的非线性方程称为(齐次、非其次)差分方程的特征方程.

关于常系数差分方程的解有如下的结论:

(1)若特征方程的根 $\lambda_i(i = 1, 2, \cdots, r)$ 都是单根,则齐次差分方程的通解为 $x_n = c_1 \lambda_1^n + c_2 \lambda_2^n + \cdots + c_r \lambda_r^n$,其中 $c_1, c_2, \cdots, c_r$ 由其他条件确定;

(2)若特征方程的根为重根 $\lambda_i(i = 1, 2, \cdots, s)$,重数分别为 $m_1, m_2, \cdots$,

m_s，$\sum_{i=1}^{s} m_i = r$，则齐次差分方程的通解为

$$x_n = \left(\sum_{j=0}^{m_1-1} c_{1j} n^j \right) \lambda_1^n + \left(\sum_{j=0}^{m_2-1} c_{2j} n^j \right) \lambda_2^n + \cdots + \left(\sum_{j=0}^{m_s-1} c_{sj} n^j \right) \lambda_s^n,$$

其中 c_{ij}（$i = 1, 2, \cdots, s$；$j = 0, 1, \cdots, m_i - 1$）由其他条件确定；

（3）非齐次方程的通解可以写成非齐次差分方程的特解加上齐次方程的通解.

9.3.2　线性差分方程的解法

实验 9.1：$2 \times n$ 矩形的覆盖

例题　用 n 个 2×1 的骨牌覆盖 $2 \times n$ 的矩形，总共有多少种方法？

解　考虑最左边一列的两个矩形，它们有如图 9.1 的两种方式. 因此，若记用 n 个 2×1 的骨牌覆盖 $2 \times n$ 的矩形的方式数目为 F_n，则有

$$F_{n+1} = F_n + F_{n-1}.$$

由于 $F_1 = 1$，$F_2 = 2$，因此这个数列的前几项是 $1, 2, 3, 5, 8, 13, 21, \cdots$. 它仅比经典的 Fibonacci 数列 $1, 1, 2, 3, 5, 8, 13, 21, \cdots$ 少了第一项的 1. 它的通项公式是

$$F_n = \frac{1}{\sqrt{5}} \left[\left(\frac{1+\sqrt{5}}{2} \right)^{n+1} - \left(\frac{1-\sqrt{5}}{2} \right)^{n+1} \right].$$

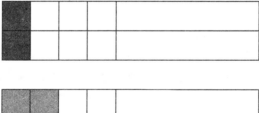

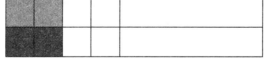

图 9.1　$2 \times n$ 矩形的覆盖

数列 F_n 的特征方程为 $\lambda^2 = \lambda + 1$，这个特征方程的两个根为 $\lambda_{1,2} = \dfrac{1 \pm \sqrt{5}}{2}$（$\lambda_1$ 取正号）. 因此，该数列的通项公式具有形式 $F_n = c_1 \lambda_1^n + c_2 \lambda_2^n$. 由 $F_1 = 1$ 和 $F_2 = 2$ 就可以得出 $c_{1,2} = \dfrac{5 \pm \sqrt{5}}{10}$.

我们也可以采用以下生成函数的方式. 记函数 $F(x) = F_1 + F_2 x + F_3 x^2 +$

$$F_4 x^3 + \cdots = \sum_{k=1}^{+\infty} F_k x^{k-1},则$$

$$
\begin{aligned}
F(x) &= F_1 + F_2 x + F_3 x^2 + F_4 x^3 && + \cdots \\
xF(x) &= \quad F_1 x + F_2 x^2 + F_3 x^3 && + F_4 x^4 + \cdots \\
x^2 F(x) &= \quad\quad F_1 x^2 + F_2 x^3 + F_3 x^4 + F_4 x^5 + \cdots
\end{aligned}
\tag{9.1}
$$

因此,

$$(1 - x - x^2)F(x) = F_1 + (F_2 - F_1)x,$$

即可令 α, β 满足

$$F(x) = \frac{1+x}{1-x-x^2} = \frac{\alpha}{1-\lambda_1 x} + \frac{\beta}{1-\lambda_2 x}.$$

解得 $\alpha(1-\lambda_2 x) + \beta(1-\lambda_1 x) = 1+x$,即 $\alpha = c_1$, $\beta = c_2$. 因此,

$$F(x) = \frac{c_1}{1-\lambda_1 x} + \frac{c_2}{1-\lambda_2 x} = \sum_{k=1}^{+\infty} c_1 (\lambda_1 x)^{k-1} + \sum_{k=1}^{+\infty} c_2 (\lambda_2 x)^{k-1}.$$

对比 $F(x)$ 的定义式,即得 F_n 的通项公式.

9.3.3　差分方程的应用

在错装问题中,我们得到的 $D_n = (n-1)(D_{n-1} + D_{n-2})$ 实际上也是一个差分方程. 下面我们再给出一例.

实验 9.2:不含"000"的字符串

例题　在长度为 n 的仅包含 0 和 1 的字符串中有多少不含"000"?

解　设所有长度为 n 的仅包含 0 和 1 但不包含"000"的字符串数目为 A_n,这些字符串可分成三类:以"1"开始,以"01"开始,或者以"00"开始. 这三类显然相互排斥,且第三类如果还有第三个字符则必为"1". 这样,这三类每一类的数目分别为 A_{n-1}, A_{n-2}, A_{n-3}. 因此,

$$A_n = A_{n-1} + A_{n-2} + A_{n-3}.$$

为确定这个数列 $\{A_n\}$,我们需要给出它的前三项. 易知,长度为 1, 2, 3 的字符串除了"000"本身其余的都不包含"000". 因此,$A_1 = 2$, $A_2 = 4$, $A_3 = 7$.

下面这个小程序给出它的前面 10 项: 2, 4, 7, 13, 24, 44, 81, 149, 274, 504.

```
>> A= [2 4 7];
>> for k= 4:10,
 A(k)= A(k- 1)+ A(k- 2)+ A(k- 3);
 end
```

类似的,也可以仿照斐波那契(Fibonacci)数列给出它的生成函数.

实验 9.3：卡塔兰数

例题　用不相交的对角线把一个凸 $n+1$ 边形分割成 $n-1$ 个三角形有多少种方法？

解　该方法数目经常称为卡塔兰(Catalan)数，记为 H_n. 很显然，你需要添加 $n-2$ 条对角线. 当 $n=2$，3 时，易知三角形和四边形分法数各为 1 和 2，因此 $H_2=1$，$H_3=2$.
下面给出卡塔兰数的递推公式. 由分法可知，每一条多边形的边最终都是所得的某个三角形的一边. 记这个多边形的顶点依次为 $v_1 v_2 \cdots v_{n+1}$，考虑有一边是 $v_1 v_{n+1}$ 的三角形，它的另外一个顶点可以是 v_2，v_3，$\cdots$，v_n 中的一点. 假设它与 v_{k+1}（其中 $k=1$，2，$\cdots$，$n-1$）形成一个三角形 $\triangle v_1 v_{k+1} v_{n+1}$，则该三角形把原来的 $n+1$ 边形分割成两半：$v_1 v_{k+1}$ 的一侧是多边形 $v_1 v_2 \cdots v_{k+1}$，是一个 $k+1$ 边形；$v_{n+1} v_{k+1}$ 的一侧是多边形 $v_{k+1} v_{k+2} \cdots v_{n+1}$，是一个 $n-k+1$ 边形. 按照定义，这两侧的多边形继续分割成三角形的可能性分别有 H_k 和 H_{n-k} 种（其中 $k=1$，2，$\cdots$，$n-1$）. 这种情形共有 $H_k H_{n-k}$ 种分法，因为两侧分法可以相互独立进行. 当 $k=1$ 或者 $k=n-1$ 时，有一侧没有形状，不必再分，为方便起见，记 $H_1=1$. 这样，根据加法原理，有下列公式：

$$H_n = \sum_{k=1}^{n-1} H_k H_{n-k},$$

且 $H_1=1$，$H_2=1$. 因此，

$$H_3 = H_1 H_2 + H_2 H_1 = 2,$$
$$H_4 = H_1 H_3 + H_2 H_2 + H_3 H_1 = 1 \times 2 + 1 \times 1 + 2 \times 1 = 5.$$

卡塔兰数列前面的几项是 1，1，2，5，14，42，132，429，$\cdots$.

下面的程序输出特定的 H_n：

```
function h= cn(n)
  h= 1;
  for k= 2:n,
    h(k)= sum(h(1:k- 1).* h(k- 1:- 1:1));
  end
  h= h(n);
```

卡塔兰数的递推公式比较复杂，可以使用生成函数的方法给出它的通项. 令

$$h(x) = \sum_{k=1}^{\infty} H_k x^k,$$

则

$$h^2(x) = \sum_{k=1}^{\infty} H_k x^k \sum_{j=1}^{\infty} H_j x^j = \sum_{n=2}^{\infty} \left(\sum_{\substack{k+j=n \\ k=1}}^{n-1} H_k H_j \right) x^n = h(x) - x.$$

此即 $h(x)$ 满足方程 $h^2(x)-h(x)+x=0$，所以 $h(x)=\dfrac{1-\sqrt{1-4x}}{2}$. 由 $\sqrt{1-4x}$ 的泰勒展开可得

$$\sqrt{1-4x}=1-\frac{\dfrac{1}{2}}{1}(4x)+\frac{\dfrac{1}{2}\times\left(-\dfrac{1}{2}\right)}{2\times 1}(4x)^2-\frac{\dfrac{1}{2}\times\left(-\dfrac{1}{2}\right)\times\left(-\dfrac{3}{2}\right)}{3\times 2\times 1}(4x)^3$$

$$+\frac{\dfrac{1}{2}\times\left(-\dfrac{1}{2}\right)\times\left(-\dfrac{3}{2}\right)\times\left(-\dfrac{5}{2}\right)}{4\times 3\times 2\times 1}(4x)^4+\cdots,$$

因此，

$$H_k=\frac{1}{k}\frac{(2k-2)!}{(k-1)!(k-1)!}=\frac{1}{k}\binom{2k-2}{k-1}.$$

下面的程序可以画出 n 边形的所有分法(注意：这里直接输入 n，得到 n 边形的划分)：

```
function catalan(n)
  if n< = 2, error('n> = 3! '); end
  h= cn(n);
  s= ceil(sqrt(h));
  V= cpt(n);
  t= linspace(0, 2* pi, n+ 1);
  x= cos(t(1:n));
  y= sin(t(1:n));
for j= 1:h,
    subplot(s, s, j);
    plot([x x(1)], [y y(1)],'r- ', 'linewidth', 3);
    hold on;
    v= V(j,:);
    for k= 1:n- 2,
      p= [3* k(k- 1)* 3+ 1:k* 3];
      plot(x(v(p)), y(v(p)),'b- ');
      axis([-1.05  1.05  -1.05  1.05], 'equal', 'off');
      pause(0.1);
    end
  end
```

```
function V= cpt(n)
  if all(size(n)= = 1), n= 1:n; end
  if length(n)= = 2, V= []; return; end
  if length(n)= = 3, V= n; return; end
  if length(n)= = 4,
      V= [ n([1 2 3 1 3 4]); n([1 2 4 3 2 4]) ];
      return;
  end
  V= [ ];
  nl= length(n);
  if nl> = 5,
      v1= n(1); ve= n(end);
      for j= 2:nl- 1;
          s= [v1 ve n(j)];
          sL= cpt(unique(n([1:j])));
          sR= cpt(unique(n([j:nl])));
          if isempty(sL),
            for k= 1:size(sR, 1),
              V= [V; [s sR(k,:)]];
            end
          end
          if isempty(sR),
            for k= 1:size(sL, 1),
              V= [V; [s sL(k,:)]];
            end
          end
          if~isempty(sL) & ~isempty(sR),
            for kl= 1:size(sL, 1),
              for kr= 1:size(sR, 1),
                V= [V; [s sL(kl,:)sR(kr,:)]];
              end
            end
          end
      end
  end
```

```
function h= cn(n)
  if n= = 2|n= = 3,
    h= 1;
  else
    h= 0;
    for k= 2:n- 1,
      h= h+ cn(k)* cn(n+ 1- k);
    end
  end
```

运行 catalan(6)可得如图 9.2 所示的图形.

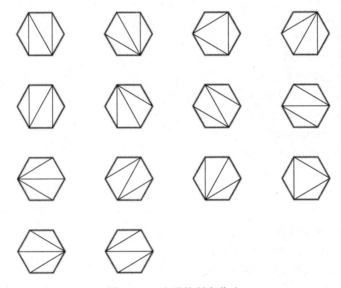

图 9.2　6 边形的所有分法

9.4　练习题

1. 给出数列 1，3，4，7，11，18，29，…的通项公式,该数列每一项是它的前两项之和.

2. 你能画出用 n 个 2×1 的骨牌覆盖 $2\times n$ 的矩形的不同方式吗?

3. 给出递推数列 $a_1 = 1$，$a_2 = 3$，$a_{n+1} = a_n + a_{n-1}$ 的通项公式.

4. 长度为 n 的不包含奇数个 0 的字符串有多少个?

第 10 章　线性规划实验

10.1　实验导读

在许多决策问题中,经常要用"最好"的方式调集或者使用已有资源完成某件事情. 这里的最好,可能是使用资源最少,可能是花费时间最小,也可能是损失最少,或者是收益最大. 这种类型的问题,称之为最优化问题. 最优化问题是现实生活中很常见的一类问题,人们在做任何事情时总是希望能达到最优的效果,有最好的收益,或者使得损失或者风险最小. 我们把效果、收益或者风险和损失表示成可以用来决策的参变量的函数,就得到了一类求函数最大值或者最小值的问题,通常情形下都带着一定的约束条件,比如时间、资源和空间都受到一定的限制.

建立一个最优化问题,首先要确定它的决策变量. 利用决策变量构造要最大或者最小化的目标函数,以及用来描述决策受限的约束条件,它们常用一组等式或不等式来描述. 一般地,最优化问题具有如下的形式:

$$\begin{aligned} \min \quad & z = f(x) \\ \text{s. t.} \quad & g_i(x) \leqslant 0 \quad (i = 1, 2, \cdots, m_i) \\ & h_j(x) = 0 \quad (j = 1, 2, \cdots, m_e), \end{aligned} \tag{10.1}$$

其中,m_i, m_e 分别为不等式和等式约束的个数. 这里,$x \in R^n$ 称为决策变量,$f(x)$ 称为目标函数,该问题是一个极小化问题. 如果是极大化问题,可以把 min 改成 max. s. t. 是 subject to 的缩写,即 x 受限于下面的约束. 约束函数为 $g_i(x)$ 和 $h_j(x)$. m_i 和 m_e 可以为零,即问题可以仅含等式约束或仅含不等式约束,当然,也可以没有任何约束——此时问题称为无约束优化问题.

10.2　实验目的

1. 理解规划建模的基本理论;
2. 学会建立简单的线性规划模型;

3. 学会使用 MATLAB 命令 linprog.

10.3　实验内容

10.3.1　无约束优化问题

无约束最优化问题是最简单的一类最优化问题,其一般数学描述为

$$\min_{x} \quad f(x)$$

其中,$x = (x_1, x_2, \cdots, x_n)^T$ 称为优化变量,函数 f 称为目标函数. 该数学形式表示的含义是求取一个 x 向量,使得目标函数 $f(x)$ 为最小. 通过求解问题 $\min - f(x)$,可以得到 $f(x)$ 的最大值,因此我们总在数学上假定求解极小化问题.

MATLAB 最优化工具箱中提供了求解无约束最优化的函数 fminsearch 和函数 fminunc,两者的调用格式是一样的,格式为

```
x= fminunc(fun, x0)
```

其中,fun 为目标函数,应该用 MATLAB 的 M 函数文件或内联函数(inline)按指定的格式描述,x0 为搜索的初值,x 为最优解. 一般地,对于非线性最优化问题,不同的数值可能得到不同的(局部)最优解,甚至有时候会得不到解. 为了判明得到的 x 的近似程度,通常使用下面的调用格式:

```
[x, fv, flag]= fminunc(fun, x0)
```

其中,fv 为目标函数在最优点 x 的函数值,flag 则反映了解 x 的性质. flag 值为正时,x 是一个有效的近似解,flag 值为负或零时则问题有异常(可能是问题不好使得算法失败,也可能是迭代步设置太少或者精度要求太高等). 对于这些现象,可以考虑换个初值试试. 或者可以定义最优化算法的控制参数 options 来控制求解方法或其他计算的要求. 该变量是一个结构体数据,内容可以由命令 help foptions 得到.

实验 10.1:无约束优化问题

例题　已知二元函数 $z = f(x, y) = (x^2 - 2x) e^{-x^2 - y^2 - xy}$,试用 MATLAB 提供的函数求出其最小值.

解　首先用 inline 语句定义目标函数:

```
>> f= inline('(x(1)^2- 2* x(1))* exp(- x(1)^2- x(2)^2- x(1)* x(2))',
    'x');
```

然后给出初始值,并将求解控制变量中的 Display 属性设置为 'iter',这样可以显示中间的搜索结果,用下面的语句求出最优解.

```
>> x0= [0; 0]; ff= optimset; ff.Display= 'iter';
>> x= fminsearch(f, x0, ff)
Iteration  Func-count       min f(x)  Procedure
        0         1                0
        1         3     -0.000499937  initial simplex
        2         4     -0.000499937  reflect
        3         6      -0.00149944  expand
      ...       ...            ...   ...
       71       135        -0.641424  contract inside
       72       137        -0.641424  contract outside
x =
    0.6111
   -0.3056
```

同样的问题用 fminunc 函数求解,则可以得出如下结果:

```
>> x= fminunc(f, [0; 0], ff)
Warning: Gradient must be provided for trust-region algorithm;
   using line-search algorithm instead.
>  In fminunc at 382
```

Iteration	Func-count	f(x)	First-order Step-size	optimality
0	3	0		2
1	6	-0.367879	0.5	0.736
2	9	-0.571873	1	0.483
3	15	-0.632398	0.284069	0.144
4	18	-0.638773	1	0.063
5	21	-0.64141	1	0.00952
6	24	-0.641424	1	0.000619
7	27	-0.641424	1	1.8e-06

```
Local minimum found.
Optimization completed because the size of the gradient is less than
the default value of the function tolerance.
< stopping criteria details>
x =
    0.6110
   -0.3055
```

注意　比较两种方法,显然可以看出,fminunc 函数的效率明显高于 fminsearch 函数,所以,在无约束最优化问题求解时,如果安装了最优化工具箱则建议使用 fminunc 函数.

10.3.2　简单的线性规划

MATLAB 中求解线性规划的命令是 linprog. 它的一般调用格式如下:

[x, fval, flag]= linprog(f, A, b, Aeq, beq, lb, ub, x0)

它求解如下形式的线性规划问题:

$$
\begin{aligned}
\min \quad & z = f^{\mathrm{T}} x \\
\text{s. t.} \quad & A \cdot x \leqslant b \\
& Aeq \cdot x = beq \\
& lb \leqslant x \leqslant ub.
\end{aligned}
\tag{10.2}
$$

该问题中,不等式 $Ax \leqslant b$ 表示左边乘积向量的每个分量小于右边向量的对应分量. 这里,x0 是算法预设的初始点,一般可以不写,输入变量可以自右向左省略. 返回变量中,x 为最优解,fval 为最优值,flag 为标志变量. flag 的正值表示算法找到了解 x,零表示算法没有找到解(可能需要加大迭代步数),负值一般说明该问题没有可行解. 如果要求解某个极大化问题,可以把目标函数乘上 -1,记得求解的最优值实际上是 $-$fval. 约束形式若是"$\geqslant$"的,也要在两边乘上 -1 转换成"$\leqslant$"的形式. 若不含某部分约束,而又不能省略(可能有更后面的约束条件),则可以设置为空矩阵.

实验 10.2:线性规划的调用方式

例如,如果求解

$$
\begin{aligned}
\min \quad & z = f^{\mathrm{T}} x \\
\text{s. t.} \quad & A \cdot x \leqslant b,
\end{aligned}
\tag{10.3}
$$

可以书写命令如下:

[x, fval, flag]= linprog(f, A, b)

而求解

$$
\begin{aligned}
\min \quad & z = f^{\mathrm{T}} x \\
\text{s. t.} \quad & Aeq \cdot x = beq,
\end{aligned}
\tag{10.4}
$$

可以书写命令如下:

[x, fval, flag]= linprog(f, [], [], Aeq, beq)

实验 10.3：线性规划

例题　试求解下面的线性规划问题

$$\min \quad -2x_1-x_2+4x_3-x_4+x_5$$
$$\text{s. t.} \quad 2x_2+x_3+4x_4+2x_5\leqslant20$$
$$3x_1-4x_2+x_3-x_4+2x_5\leqslant31$$
$$x_1,\ x_2\geqslant0,\ x_3\geqslant3,\ x_4\geqslant1,\ x_5\geqslant2.$$

解　由于约束条件没有等式约束,故可以定义 **Aeq**, **Beq** 为空矩阵,且对 x 的上界也没有限制,故同样将 **ub** 写为空矩阵,可以给出如下命令,直接得出结果.

```
>> f=[-2, -1, 4, -1, 1]';
>> A=[0 2 1 4 2; 3 -4 1 -1 2];
>> B=[20; 31]';
>> Aeq=[];
>> Beq=[];
>> lb=[0, 0, 3, 1, 2]';
>> ub=[];
>> opt= optimset; opt.LargeScale= 'off';      % 部分算法选项
>> opt.TolX= 1e- 15; opt.TolFun= 1e- 20; opt.Display= 'iter';
>> [x, f_opt, key, c]= linprog(f, A, B, Aeq, Beq, lb, ub, [], opt)
Optimization terminated.
x =
 14.3333
  4.5000
  3.0000
  1.0000
  2.0000
f_opt=
 -20.1667
key =
    1
c =
     iterations: 5
 constrviolation: 1.7764e- 15
    algorithm: 'active- set'
 cgiterations:[]
    message: 'Optimization terminated.'
 firstorderopt: 7.1054e- 15
```

由数据结果可以看出,由于 key 的值为 1,故求解是成功的,以上只用了 5 步就得出了线性规划问题的解,可见求解程序功能是很强大的,可以很容易得出线性规划问题的解.

10.3.3 线性规划建模

线性规划问题是指目标函数和约束函数都是线性的规划问题.建立线性规划问题一般要有如下三个步骤:找出决策变量;构造目标函数,以便求最大或者最小;分析所有限制因素,写出等式和不等式约束.

实验 10.4:生产投资

例题 一工厂投资生产 A 产品时,每生产 100 t 需资金 200 万元,需场地 200 m²,可获利润 300 万元;投资生产 B 产品时,每生产 100 m 需要资金 300 万元,需要场地 100 m²,可获利润 200 万元,现该工厂可使用的资金有 1 400 万元,场地 900 m². 问应做怎样的组合投资,可使所获利润最多? 最大利润是多少?

解 假设该工厂生产 A 产品或 B 产品所需的场地、资金以及所获得的利润是可加的. 即若设该工厂生产 A 产品 x 百吨,生产 B 产品 y 百米,则在这种生产安排下获得利润 $300x+200y$(万元),需要场地 $200x+100y$(m²),需要资金 $200x+300y$(万元). 因此得到如下问题:

$$\text{max} \quad z=300x+200y$$
$$\text{s. t.} \quad 200x+100y \leqslant 900$$
$$200x+300y \leqslant 1\,400$$
$$x \geqslant 0, \ y \geqslant 0.$$

该问题求解如图 10.1 所示. 把约束条件中的不等式改成等式,在直角坐标系中画出相应的直线,即图 10.1 中的直线 AB,BC.满足所有不等式的点是第一象限内这两条直线下方的点. 该问题的所有可行方案 (x, y) 也就恰好对应四边形 $OABC$ 内部所有点,该区域称为可行域. 任何直线 $300x+200y=c$ 上的点都具有目标值 c,若该直线与可行域有交点 (x, y),则说明有一个可行方案 (x, y) 具有目标值 c.当 c 逐渐增大时,该直线往右上方移动,它在临界状态,即过 B 点的直线时,与可行域仅有一个交点 $(3.25, 2.5)$,再往右上方移动就不会有交点了. 因此,最优解就在点 $B(3.25, 2.5)$ 处. 当然,该问题所采用的作图方式求解法一般只能针对不超过两个(或者三个) 变量的线性规划问题,变量数目较多的情形无法采用此方法.

线性规划问题可能有有限的最优解,也可能无解(可行域是空集),也可能无界(其目标可以达到正或负的无穷大). 此外,线性规划若有有限的最优解,则最优解可以在可行域的某个顶点上找到.

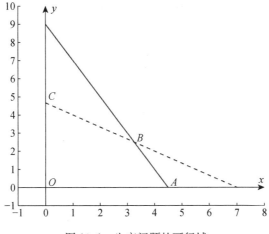

图 10.1　生产问题的可行域

实验 10.5:营养配餐

例题　一食品公司按照特定需求提供营养餐. 每份配餐要求达到的最低营养标准为:热量 2 860 单位,蛋白质 80 g,铁 15 mg,烟酸 20 mg,维生素 A 20 000 单位,下表给出了所有食材的单价和营养结构. 该食品公司应如何配餐才能使在满足营养标准的条件下价格最低?

食材	单价/(元/50g)	热量	蛋白质/g	铁/mg	烟酸/mg	维生素 A
牛肉	2.0	309	26.0	3.1	4.1	
面包	0.3	276	0.6	0.6	0.9	
胡萝卜	0.1	42	8.5	0.6	0.4	12 000
鸡蛋	0.3	162	12.8	2.7	0.3	1 140
鱼	1.8	182	26.2	0.8	10.5	

解　设食材每 50 g 为一个单位,配餐包含牛肉、面包、胡萝卜、鸡蛋、鱼各 x_1, x_2, x_3, x_4, x_5 个单位. 则可得如下问题:

$$\min \quad z = 2.0x_1 + 0.3x_2 + 0.1x_3 + 0.3x_4 + 1.8x_5$$

$$\text{s. t.} \quad 309x_1 + 276x_2 + 42x_3 + 162x_4 + 182x_5 \geqslant 2\ 860$$

$$26x_1 + 0.6x_2 + 8.5x_3 + 12.8x_4 + 26.2x_5 \geqslant 80$$

$$3.1x_1 + 0.6x_2 + 0.6x_3 + 2.7x_4 + 0.8x_5 \geqslant 15 \qquad (10.5)$$

$$4.1x_1 + 0.9x_2 + 0.4x_3 + 0.3x_4 + 10.5x_5 \geqslant 20$$

$$12\ 000x_3 + 1\ 140x_4 \geqslant 20\ 000$$

$$x_1, \ x_2, \ x_3, \ x_4, \ x_5 \geqslant 0.$$

前述的生产投资问题可以如下求解：

```
>> f= -[300  200]';
>> A=[200  100; 200  300];
>> b=[900  1400]';
>> lb=[0  0]';
>> [x, fval, flag]= linprog(f, A, b, [], [], lb, [])
Optimization terminated successfully.
x =
 3.2500
 2.5000
fval=
 -1.4750e+ 003
flag =
    1
>> fval= -fval
fval=
 1.4750e+ 003
```

目标函数是极大化的,因此第一行 f 带有负号,在第 14 行再次反号;问题不含有等式约束,但变量有下界,因此调用 linprog 命令时,Aeq, beq 都是空矩阵[ ],这两处不能省略,因为后面还有变量 lb,但之后的空矩阵可以省略. 问题的解为$(x, y)=(3.25, 2.5)$,原始问题的最优值为 1.475×10^3.

而营养配餐问题可以如下求解：

```
>> f=[2.0  0.3  0.1  0.3  1.8]';
>> A=[309  276  42  162  182
      26  0.6  8.5  12.8  26.2
      3.1  0.6  0.6  2.7  0.8
      4.1  0.9  0.4  0.3  10.5
      0  0  12000  1140  0];
>> b=[2860  80  15  20  20000]';
>> lb= zeros(5, 1);
>> A(5,:)= A(5,:)/10000;
>> b(5,:)= b(5,:)/10000;
>> [x, fv, flag]= linprog(f, -A, -b, [], [], lb)
Optimization terminated successfully.
x =
 0.0000
```

```
 7.3945
16.7623
 0.0000
 0.6324
fv =
  5.0329
flag=
   1
```

这里,在第 9,10 行中对维生素 A 的数据做了处理,以防止原始数据量级相差太大.你可以去掉这里的第 9,10 行,重新运行,看看 MATLAB 算出什么结果?

10.3.4　线性规划综合案例

实验 10.6:证券投资

例题　某银行经理计划用一笔资金进行有价证券的投资,可以购进的证券以及其信用等级、到期年限、收益如下表所示.按照规定,市政证券的收益可以免税,其他证券的收益需按 50% 的税率纳税.此外还有以下限制:

(1) 政府及代办机构的证券总共至少要购进 400 万元;

(2) 所购证券的平均信用等级不超过 1.4(信用等级数字越小,信用程度越高);

(3) 所购证券的平均到期年限不超过 5 年.

证券名称	证券种类	信用等级	到期年限	到期税前收益
A	市政	2	9	4.3%
B	代办机构	2	15	5.4%
C	政府	1	4	5.0%
D	政府	1	3	4.4%
E	市政	5	2	4.5%

问:(1) 若经理有 1 000 万元资金,应如何投资?

(2) 如果能够以 2.75% 的利率借到不超过 100 万元资金,该经理应如何操作?

解　先考虑第一个问题,即经理有 1 000 万元资金的最佳投资方式.用 x_1,x_2,x_3,x_4,x_5 分别表示购买 A,B,C,D,E 证券的数值(单位:百万元),以所给条件下银行经理获利最大为目标.则,由数据表可得:

$$\max \quad z = 0.043x_1 + 0.027x_2 + 0.025x_3 + 0.022x_4 + 0.045x_5$$

$$\text{s. t.} \quad x_2 + x_3 + x_4 \geqslant 4$$

$$x_1 + x_2 + x_3 + x_4 + x_5 \leqslant 10$$

$$2x_1 + 2x_2 + x_3 + x_4 + 5x_5 \leqslant 1.4(x_1 + x_2 + x_3 + x_4 + x_5) \qquad (10.6)$$

$$9x_1 + 15x_2 + 4x_3 + 3x_4 + 2x_5 \leqslant 5(x_1 + x_2 + x_3 + x_4 + x_5)$$

$$x_1, \ x_2, \ x_3, \ x_4, \ x_5 \geqslant 0.$$

编写程序如下:

```
f= -[0.043 0.027 0.025 0.022 0.045]';
A=[-[0 1 1 1 0];
   ones(1, 5);
   [2 2 1 1 5]- 1.4* ones(1, 5);
   [9 15 4 3 2]- 5* ones(1, 5)];
b=[- 4 10 0 0]';
lb= zeros(1, 5);
[x, fv, flag, output, lambda]= linprog(f, A, b, [], [], lb)
fv= -fv
if lambda.ineqlin(2)> 0.00275,
   fprintf('Loan 1m and invest more! \n');
end
```

在返回变量中,lambda 是一个结构,含有四个部分:ineqlin, eqlin, upper, lower,通过像第 10 行 lambda.ineqlin 的方式使用. 它们分别给出规划问题中,不等式约束右端和等式约束右端,决策变量的上下界的"影子价格". 所谓影子价格,是指在最优方案下,资源每增加一个单位所产生的效益.

例如,上面问题中,第二个约束是指投资总额,lambda.ineqlin(2)的值为0.0298意味着投资每增加 1 个单位(百万元),产生的效益(目标)增加 0.0298 个单位,相当于收益率达 2.98%,这样若借贷的利率 2.75%小于该收益率,就应该借贷.

同理,lambda.ineqlin(1)的值是零,说明政府及代办机构的证券总共至少要购进 400 万元的约束放松或变得更严一点,对最优解没有影响——因为其影子价格为零.

实验 10.7：水泥运输

例题　某工程公司有 6 个建筑工地要开工，每个工地的位置用平面直角坐标 (a, b) 表示，单位为 km，其水泥日用量用 $d(t)$ 表示，由下表给出相关数据. 目前有两个临时料场位于 $A(5, 1)$，$B(2, 7)$，日储量各有 30 t. 假设运费正比于运输路线长度及载运量. 试制定每天的供应计划，即从 A，B 两料场分别向各工地运送多少吨水泥，可以使总运费最小？

工地编号 i	1	2	3	4	5	6
a_i	1	8	0	5	3	8
b_i	1	0	4	6	6	7
d_i	4	6	6	7	8	11

解　记工地 i 的位置为 (a_i, b_i)，工地的水泥日用量为 $d_i(i=1, 2, \cdots, 6)$；料场位置为 (p_j, q_j)，料场 j 的日储量为 $e_j(j=1, 2)$；从料场 j 向工地 i 的水泥运送量为 $X_{ij} \geqslant 0$. 记每运输 1 t 水泥 1 km 花费为 1 个单位，则这个优化问题的目标函数总费用可表示为

$$\min z = \sum_{j=1}^{2} \sum_{i=1}^{6} X_{ij} \sqrt{(p_j - a_i)^2 + (q_j - b_i)^2}.$$

各工地的日用量必须满足，所以有

$$\sum_{j=1}^{2} X_{ij} = d_i (i = 1, 2, \cdots, 6).$$

同时，各料场的运送量不能超过日储量，所以有

$$\sum_{i=1}^{6} X_{ij} \leqslant e_j (j = 1, 2).$$

这里的变量 $\boldsymbol{X}$ 是一个矩阵，我们记 $\boldsymbol{x} = (X_{11}, X_{21}, \cdots, X_{61}, X_{12}, X_{22}, \cdots, X_{62})^{\mathrm{T}}$ 是一个有 12 个分量的向量. 则工地日用量约束可以重新表示为

$$\begin{pmatrix} 1 & 0 & 0 & 0 & 0 & 0 & 1 & 0 & 0 & 0 & 0 & 0 \\ 0 & 1 & 0 & 0 & 0 & 0 & 0 & 1 & 0 & 0 & 0 & 0 \\ 0 & 0 & 1 & 0 & 0 & 0 & 0 & 0 & 1 & 0 & 0 & 0 \\ 0 & 0 & 0 & 1 & 0 & 0 & 0 & 0 & 0 & 1 & 0 & 0 \\ 0 & 0 & 0 & 0 & 1 & 0 & 0 & 0 & 0 & 0 & 1 & 0 \\ 0 & 0 & 0 & 0 & 0 & 1 & 0 & 0 & 0 & 0 & 0 & 1 \end{pmatrix} \begin{pmatrix} X_{11} \\ X_{21} \\ \vdots \\ X_{61} \\ X_{12} \\ X_{22} \\ \vdots \\ X_{62} \end{pmatrix} = \begin{pmatrix} d_1 \\ d_2 \\ d_3 \\ d_4 \\ d_5 \\ d_6 \end{pmatrix}.$$

同理，料场运送量约束可以写成

$$\begin{pmatrix} 1 & 1 & 1 & 1 & 1 & 1 & 0 & 0 & 0 & 0 & 0 & 0 \\ 0 & 0 & 0 & 0 & 0 & 0 & 1 & 1 & 1 & 1 & 1 & 1 \end{pmatrix} \begin{pmatrix} X_{11} \\ X_{21} \\ \vdots \\ X_{61} \\ \vdots \\ X_{62} \end{pmatrix} \leqslant \begin{pmatrix} e_1 \\ e_2 \end{pmatrix}.$$

可以有如下的程序:

```
function site 1
  warning off;
  a= [1  8  0  5  3  8]';
  b= [1  0  4  6  6  7]';
  d= [4  6  6  7  8  11]';
  t= [30  30]';
  xq= [5  2]';
  yq= [1  7]';
%  fixed site
  A= kron(eye(2), ones(1, 6));
  Aeq= kron(ones(1, 2), eye(6));
  dist1= sqrt((xq(1)- a).^2+ (yq(1)- b).^2);
  dist2= sqrt((xq(2)- a).^2+ (yq(2)- b).^2);
  f= [dist1; dist2];
  [x, fv, flag]= linprog(f, A, t, Aeq, d, zeros(12, 1), [])
  sdrw(x, a, b, d, xq, yq, t);

function sdrw(x, a, b, d, xq, yq, t)
  hold on;
  for k= 1:6,
    plot(a(k), b(k),'bh','markersize', d(k), 'markerface','b');
  end
  for k= 1:2,
    plot(xq(k), yq(k),'ro', ...
      'markersize', t(k)/2, 'markerface', 'c');
    for s= 1:length(a),
      if x((k- 1)* 6+ s)> 0.01,
        plot([xq(k)  a(s)], [yq(k)  b(s)], 'k: ', ...
          'linewidth', x((k- 1)* 6+ s));
      end
    end
```

```
   end
 end
 axis('equal',[- 1  9  - 1  9])
```

其中,函数 sdrw 专门用于画图(图 10.2).图中料场以圆圈表示,工地以六角星表示,运输路线以直线相连,且直线的粗细直接反映了运量的大小.

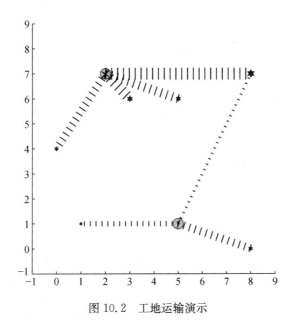

图 10.2 工地运输演示

10.4 练习题

1. 试求解下面的线性规划问题.

$$\min \quad -3x_1 + 4x_2 - 2x_3 + 5x_4$$
$$\text{s. t.} \quad 4x_1 - x_2 + 2x_3 - x_4 = -2$$
$$x_1 + x_2 - x_3 + 2x_4 \leqslant 14$$
$$2x_1 - 3x_2 - x_3 - x_4 \geqslant -2$$
$$x_1, x_2, x_3 \geqslant -1, x_4 \text{ 无约束.}$$

2. 某基金公司招聘基金经理,考官提出了这样一个问题:在今后 5 年内考虑给以下 4 个项目投资:

项目 A:从第一年到第四年年初需要投资,并于次年末回收本利 106%;

项目 B:从第三年年初需要投资,到第五年年末能回收本利 116.5%,但规定
　　最大投资额不超过 4 万元;

项目 C:从第二年年初需要投资,到第五年年末能收回本利 140%,但规定最
　　大投资额不超过 3 万;

项目 D:五年内,每年年初可以购买公债,于当年末归还并加利息 6%.

该部门现有资金 10 万元,问应该如何确定给这些项目的投资额,使第五年末
拥有资金的本利总额最大?

3. 某塑料厂利用 4 种化学原料塑制产品,这 4 种原料含有的 A,B,C 三种成
分,其数据如下表所示.现要塑制一种新型原料,要求含有 20% 的 A,不少于
30% 的 B 和不少于 20% 的 C.由于技术上的原因,原料 1 和原料 2 的使用总
量不能超过所使用原料总量的 30% 和 40%,试建立模型以求得对这种原料
的最佳混合方案.

原料成分表

成分	1	2	3	4
A	30%	40%	20%	15%
B	20%	30%	60%	40%
C	40%	25%	15%	30%
原料价格/(元/kg)	20	20	30	15

4. 某工厂要用四种合金 T1,T2,T3 和 T4 为原料,经熔炼成为一种新的不锈
钢 G.这四种原料含元素铬(Cr)、锰(Mn)和镍(Ni)的含量(%),这四种原料
的单价以及新的不锈钢材料 G 所要求的 Cr,Mn 和 Ni 的最低含量(%)如下
表所示:

含量表

	T1	T2	T3	T4	G
Cr	3.2%	4.5%	2.2%	1.8%	3.2%
Mn	2.0%	1.1%	3.6%	4.3%	2.1%
Ni	5.8%	3.1%	4.3%	2.7%	4.3%
单价/(元/kg)	115	97	82	76	

第 11 章　整数规划实验

11.1　实验导读

一个优化问题中,如果对全部或者部分变量有整数的要求,称之为整数规划问题.一般地,整数规划问题不能通过求解线性规划再对每个变量四舍五入来求解.整数规划问题有很多具体的应用背景,最常见的如 0-1 规划等.

11.2　实验目的

1. 学会建立简单的整数规划模型;
2. 了解分支定界方法;
3. 学会使用 MATLAB 命令求解整数规划.

11.3　实验内容

11.3.1　整数规划案例

实验 11.1:球队选拔

例题　一个教练挑选 5 名篮球队员组成篮球队上场阵容,目前有 7 名候选队员,他们的基本信息如下表.教练如何在下面的条件下挑选队员,使得篮球队总体投篮命中率最高?要求(1)平均身高不低于 1.82 m;(2)平均弹跳高度不低于 0.90 m;(3)平均百米成绩不低于 12 s;(4)平均体重不低于 94 kg;(5)场上队员需有前锋、中锋、后卫各 2,1,2 名;(6)队员 M2 和 M6 都是新进队的球员,配合不是很默契,最好不要同时上场.

篮球队候选队员信息

队员	身高 /m	弹跳高度 /m	命中率 /%	百米成绩 /s	体重 /kg	位置
M1	1.86	0.95	59.6	11.7	104	中锋、前锋
M2	1.82	0.97	62.2	12.1	94	前锋

（续表）

队员	身高 /m	弹跳高度 /m	命中率 /%	百米成绩 /s	体重 /kg	位置
M3	1.79	0.91	59.4	11.9	93	中锋、后卫
M4	1.78	0.89	60.3	11.0	87	后卫
M5	1.91	0.84	58.7	12.8	105	前锋
M6	1.94	0.82	60.1	12.7	103	中锋、前锋
M7	1.76	1.02	64.3	11.3	86	中锋、后卫

解　记第 i 名队员的入选变量为 $x_i (i=1, 2, \cdots, 7)$，$x_i=1$ 表示第 i 名队员入选，$x_i=0$ 表示不入选．记第 i 名的身高为 h_i，弹跳高度为 H_i，命中率为 s_i，百米成绩为 t_i，体重为 w_i．则，有如下规划问题：

$$\max \quad \sum_{i=1}^{7} s_i x_i \qquad\qquad （命中率）$$

$$\text{s. t.} \quad \sum_{i=1}^{7} h_i x_i \geqslant 5 \times 1.82 \qquad （身高）$$

$$\sum_{i=1}^{7} H_i x_i \geqslant 5 \times 0.90 \qquad （弹跳高度）$$

$$\sum_{i=1}^{7} t_i x_i \leqslant 5 \times 12 \qquad （百米成绩）$$

$$\sum_{i=1}^{7} w_i x_i \geqslant 5 \times 94 \qquad （体重） \qquad\qquad (11.1)$$

$$x_1 + x_2 + x_5 + x_6 \geqslant 2 \qquad （2 个前锋）$$

$$x_1 + x_3 + x_6 + x_7 \geqslant 1 \qquad （1 个中锋）$$

$$x_3 + x_4 + x_7 \geqslant 2 \qquad （2 个后卫）$$

$$x_2 + x_6 \leqslant 1 \qquad （M2 和 M6 不同时上场）$$

$$\sum_{i=1}^{7} x_i = 5 \qquad （挑选 5 名队员）$$

$$x_i \in \{0, 1\}, i = 1, 2, \cdots, 7.$$

这里，我们可以看到 0-1 变量规划的好处：简单地可以用 $\sum_{i=1}^{7} h_i x_i$ 表示总身高，等等；或者以 $x_2 + x_6 \leqslant 1$ 表示第 2 和第 6 名队员最多只能上场 1 人．当然，你可以用 $x_2 = x_6$ 表示第 2 和第 6 名队员要么同时上场，要么都不上场．特别地，变量取值为 0 或者 1 的规划问题称为 0-1 规划，它是一类特殊的整数规划问题．

有些整数规划，其决策变量不是那么容易得到，需要预先对具体问题进行分析，如下面的例子．

实验 11.2：钢管下料

例题　钢管零售商从钢管厂进货，购进的原料钢管长度都是 20 m，根据顾客要求切割售出．若现有顾客需要 50 根 3 m、20 根 4 m、12 根 10 m 长的钢管，问如何下料最为节省？

解　下料，就是指按照一定的切割模式切割钢管以满足要求．所以，首先要枚举出合理的切割模式．通常假定，合理的切割模式应满足余料不小于需求的最小长度．在这个问题中，合理的切割模式总共有下面的 10 种：

	3 m 钢管数	4 m 钢管数	10 m 钢管数	余料/m
模式 1	0	0	2	0
模式 2	0	2	1	2
模式 3	2	1	1	0
模式 4	3	0	1	1
模式 5	0	5	0	0
模式 6	1	4	0	1
模式 7	2	3	0	2
模式 8	4	2	0	0
模式 9	5	1	0	1
模式 10	6	0	0	2

一般地，下料最节省可以有不同的理解方式：第一种是余料最少，另一种是所切割的原料钢管数最少．如果零售商经常需要面对不同的切割尺寸，则最好是采用原料钢管数最少的方式．否则的话，我们一般也可以使用余料最少作为优化的目标（但如果同时考虑这两个目标，我们将得到一个双目标规划问题）．

设以第 i 种切割模式切割 x_i 根钢管，x_i 为非负整数．则原料钢管数最少可以表示为

$$\min x_1 + x_2 + \cdots + x_{10}, \tag{11.2}$$

而要满足顾客切割要求需要有

$$\begin{cases} 2x_3 + 3x_4 + x_6 + 2x_7 + 4x_8 + 5x_9 + 6x_{10} \geqslant 50, \\ 2x_2 + x_3 + 5x_5 + 4x_6 + 3x_7 + 2x_8 + x_9 \geqslant 20, \\ 2x_1 + x_2 + x_3 + x_4 \geqslant 12. \\ x_i \geqslant 0 \text{ 且为整数.} \end{cases} \tag{11.3}$$

实验 11.3：护士值班

例题　医院需要聘请护士值夜班,每个护士连续值五个夜班,休息两天,周而复始.据统计,从周一到周日每天晚上需要值夜班的护士人数最少为 18, 16, 15, 16, 19, 14, 12.如何重新安排可使得须值夜班的护士总人数达到最少?

解　令从周 i 开始值夜班的护士人数为 x_i,记周 i 所需值班人数 n_i, $i=1, 2, \cdots, 7$,则

$$
\begin{aligned}
\min \quad & z = x_1 + x_2 + x_3 + x_4 + x_5 + x_6 + x_7 \\
\text{s. t.} \quad & x_1 \qquad\qquad\quad + x_4 + x_5 + x_6 + x_7 \geqslant n_1 \\
& x_1 + x_2 \qquad\qquad\quad + x_5 + x_6 + x_7 \geqslant n_2 \\
& x_1 + x_2 + x_3 \qquad\qquad\quad + x_6 + x_7 \geqslant n_3 \\
& x_1 + x_2 + x_3 + x_4 \qquad\qquad\quad + x_7 \geqslant n_4 \\
& x_1 + x_2 + x_3 + x_4 + x_5 \qquad\qquad\quad \geqslant n_5 \\
& \quad\;\; x_2 + x_3 + x_4 + x_5 + x_6 \qquad\quad \geqslant n_6 \\
& \qquad\quad x_3 + x_4 + x_5 + x_6 + x_7 \geqslant n_7 \\
& x_i \geqslant 0, \; x_i \in Z(\text{整数集}).
\end{aligned}
\tag{11.4}
$$

整数规划问题的解法一般有分支定界法和割平面法.

实验 11.4：背包问题

例题　某人准备去旅行,考虑往背包里装两种物品.物品 A 每个重 3 kg,大小 4 dm³,价值 4 个单位;物品 B 每个重 2 kg,大小 5 dm³,价值 3 个单位;背包大小为 50 dm³,容重 25 kg.如何装入尽可能多的物品 A,B 到背包中可使装入的总价值最大?

解　设装入物品 A 共 x_1 件,物品 B 共 x_2 件,则有

$$
\begin{aligned}
\max \quad & 4x_1 + 3x_2 \\
\text{s. t.} \quad & 3x_1 + 2x_2 \leqslant 25 \\
& 4x_1 + 5x_2 \leqslant 50 \\
& x_1, x_2 \geqslant 0, \; x_i \in Z.
\end{aligned}
\tag{11.5}
$$

如果不考虑整数约束的条件,我们称问题为原问题的一个松弛,而它是一个线性规划问题.该松弛线性规划问题的最优值一定不小于原问题的最优值.

针对背包问题,利用 MATLAB 的 linprog 命令,或者图解法可以得到:松弛问题的最优解为 $(x_1, x_2) = \left(\dfrac{25}{7}, \dfrac{50}{7}\right) = (3.571\,4, 7.142\,9)$,最优值为 $\dfrac{250}{7} = 35.714\,3$.如果采用四舍五入,或者其他取整方法,你可能得到这些解:$(3, 7)$,$(3, 8)$,$(4, 7)$,$(4, 8)$.它们是整数规划问题的最优解吗?第一个近似解目标值为 33,其余 3 个解都是不可行的.但第一个近似解不是最优解,比如,整数规划问题有可行解 $(5, 5)$,目标值为 35.容易看出,整数规划问题的最优值一定不大于

35.714 3,同时它又是一个整数,因此不大于 35.所以,解(5,5)是整数规划问题的最优解.

　　下面介绍的是分支定界法,分支定界方法操作如下:首先求解松弛的线性规划问题,得到解 $(x_1, x_2) = (3.571\,4, 7.142\,9)$.如果这个解所有分量是整数,我们就得到了原始问题的最优解;否则,取其中的一个非整数分量,如 $x_1 = 3.571\,4$,利用它把整个可行域分成两半: $x_1 \geqslant [3.571\,4] = 4$ 和 $x_1 \leqslant [3.571\,4] = 3$.这样我们有如下两个问题:

$$
\begin{aligned}
\max \quad & 4x_1 + 3x_2 \\
\text{s. t.} \quad & 3x_1 + 2x_2 \leqslant 25 \\
& 4x_1 + 5x_2 \leqslant 50 \\
& x_1 \geqslant 4 \\
& x_1, x_2 \geqslant 0
\end{aligned}
\qquad 和 \qquad
\begin{aligned}
\max \quad & 4x_1 + 3x_2 \\
\text{s. t.} \quad & 3x_1 + 2x_2 \leqslant 25 \\
& 4x_1 + 5x_2 \leqslant 50 \\
& x_1 \leqslant 3 \\
& x_1, x_2 \geqslant 0.
\end{aligned}
\qquad (11.6)
$$

　　第一个问题的解为 $(4.0, 6.5)$,最优值为 35.5;第二个问题的解为 $(3.0, 7.6)$,最优值为 34.8.因为解的第二个分量为非整数,第一个问题可以分别添加 $x_2 \leqslant 6$ 和 $x_2 \geqslant 7$,再次形成两个问题;第二个问题也可以分别添加 $x_2 \leqslant 7$ 和 $x_2 \geqslant 8$,也形成两个问题.这样我们得到了四个问题——这个过程称为分支.分得越多越有可能得到整数解,从而不必再往下分了.但是,随着分支层次的增加,问题的个数增加也是非常快的,所以常有定界的方法辅助.定界的作用就是尽可能使得分支层次越少越好.

　　例如,某一个问题解为空集,则不必再分了,添加了约束的问题一定也没有解;若某个问题最优解劣于我们已知的某个整数可行解,则它也不必往下再分了,添加了更多的约束条件只会使解变得更差.比如,一开始我们猜到或者在分支过程中得到了一个整数可行解 $(4, 6)$,目标值为 34,则上述问题的第二个问题就不必再分了,再往下分最优解也不会超过 34.8,由于问题中目标函数系数都是整数,目标值也肯定不超过 34.

11.3.2　0-1 规划

　　新版的 MATLAB 中函数 bintprog 可以用来求解 0-1 规划问题.它的一般调用格式如下:

```
[x, fval, flag]= bintprog(f, A, b, Aeq, beq, x0)
```

它求解如下形式的 0-1 规划问题:

$$\min \quad z = \boldsymbol{f}^{\mathrm{T}}\boldsymbol{x}$$
$$\text{s. t.} \quad \boldsymbol{A} \cdot \boldsymbol{x} \leqslant \boldsymbol{b}$$
$$\boldsymbol{Aeq} \cdot \boldsymbol{x} = \boldsymbol{beq} \tag{11.7}$$
$$x_i \in \{0, 1\}.$$

其中,x0 是算法的初始值. 或者可以用函数 intlinprog 可以求解整数规划问题. 你可以用 help intprog 之类的命令来查看你的 MATLAB 软件是否安装了这些功能.

实验 11.5:篮球队员选拔的求解

例如,篮球队员选拔问题可以如下求解:

```
s= [59.6  62.2  59.4  60.3  58.7  60.1  64.3];
h= [1.86  1.82  1.79  1.78  1.91  1.94  1.76]; b1= 5* 1.82;
H= [0.95  0.97  0.91  0.89  0.84  0.82  1.02]; b2= 5* 0.90;
t= [11.7  12.1  11.9  11.0  12.8  12.7  11.3]; b3= 5* 12;
w= [104  94  93  87  105  103  86]; b4= 5* 94;
AA = [- [1 1 0 0 1 1 0];
     - [1 0 1 0 0 1 1];
     - [0 0 1 1 0 0 1];
      [0 1 0 0 0 1 0]];
bb= [-2; -1; -2; 1];
A= [-h; -H; t; -w; AA];
b= [-b1; -b2; b3; -b4; bb];
Aeq= ones(1,7);
beq= 5;
[x, fv, flag]= bintprog(-s', A, b, Aeq, beq)
```

运行结果如下

```
>> basketball
Optimization terminated.
x=
   1
   1
   0
   1
   1
   0
   1
```

```
fv =
  -305.1000
flag=
  1
```

结果说明,教练应该挑选队员 1, 2, 4, 5, 7.

实验 11.6:自己编写分支定界方法

如果你安装的 MATLAB 系统没有 bintprog 函数或者 intlinprog,可以编写递归调用的分支定界法如下:

```
function [x, optv]= bnb(f, A, b, Aeq, Beq, LB, UB, X0, OPTIONS, ind, optv)
% this function solves the following linear programming by branch and
bound method
%
% min          f'* x
% subject to A* x< = b
%            Aeq* x= = Beq
%            LB< = x< = UB
%            x(ind) are integers
if nargin< 11,optv= + Inf;
  if nargin< 10,ind= 1:length(f);
    if nargin< 9,OPTIONS= optimset;
      if nargin< 8, X0= zeros(size(f));
        if nargin< 7, UB= + Inf* ones(size(X0));
        if nargin< 6, LB= - Inf* ones(size(X0));
        end; end; end; end; end; end;
[x, fval, exitflag]= linprog(f, A, b, Aeq, Beq, LB, UB, X0, OPTIONS);
if exitflag< = 0,
  % this program is infeasible or the algorithm failed, or reached the
    maximum
  % number of iterations without converging.
  return;
elseif fval> = optv,
  % this program has an objective value no less than the solved ones.
  return;
end
```

```
if all(abs(round(x(ind))- x(ind))< = 1e- 8),
    optv= fval;
    % obtain an integer solution
    return;
else
    z= find(abs(round(x(ind))- x(ind))> 1e- 8);
    z= ind(z(1));
    UB1= UB; UB1(z)= floor(x(z));
    LB1= LB; LB1(z)= ceil(x(z));
    if UB1(z)> = LB(z),
        [x1, optv1]= bnb(f, A, b, Aeq, Beq, LB, UB1, x, OPTIONS, ind, optv);
        if optv1< optv,
            optv= optv1;
            x   = x1;
        end
    end
    if LB1(z)< = UB(z),
        [x1, optv1]= bnb(f, A, b, Aeq, Beq, LB1, UB, x, OPTIONS, ind, optv);
        if optv1< optv,
            optv= optv1;
            x   = x1;
        end
    end
end
```

然后,可以使用它求解整数规划问题. 例如,护士排班问题可以如下求解:

```
warning off;
vb= input('number of nurses each day ');
A= toeplitz([1 1 1 1 1 0 0],[1 0 0 1 1 1 1]);
[x, optv]= bnb(ones(7, 1), -A, -vb', [], [], zeros(7, 1));
fprintf('\n your original data:\n');
fprintf('% 6.0f', vb);
fprintf('\n we need so many nurses each day:\n');
fprintf('% 6.0f',x);
fprintf('\n Total number is: % 6.0f\n',sum(x));
```

运行结果如下:

```
>> nurse
 your original data :
  18   16   15   16   19   14   12

  we need so many nurses each day:
  8  2   2   4   3   3   0
  Total number is:  22
```

11.4 练习题

1. 电视台为某个广告公司特约播放两套片集. 其中片集甲播映时间为 20 min, 广告时间为 1 min, 收视观众为 60 万, 片集乙播映时间为 10 min, 广告时间为 1 min, 收视观众为 20 万. 广告公司规定每周至少有 6 min 广告, 而电视台每周只能为该公司提供不多于 80 min 的节目时间. 电视台每周应播映两套片集各多少次, 才能获得最高的收视率?

2. 某塑料厂生产 6 种规格的塑料容器, 每种容器的容量、需求量及每一件的生产费用如下表所示. 每种容器分别用不同设备生产, 固定开工费用均为 1 200 元. 当某种容器数量上不能满足要求时, 可用容量较大的代替. 问在满足需求的情况下, 如何组织生产可使得总费用最低. 建立该问题的优化模型并求解.

塑料容器生产参数

容器代号	1	2	3	4	5	6
容量/mL	150	250	400	600	900	1 200
需求量/个	500	550	700	900	400	300
每件生产费用/元	5	8	10	12	16	18

3. 某车间有 A, B 两种车床, 可用于加工零件 a, b, c, 每个车床每天最多可开工 20 h(4 h 检修), 该车间有 5 名工人, 每个工人每天工作 8 h. 仅有一名工人可以操作 A 和 B 车床, 但在同一时刻只能操作一个车床; 各有两名工人可以操作 A 或 B 车床. 另外, 安排一名工人负责 4 h 的检修工作. 加工零件的台时数和费用如下表, 问如何分配任务可以使得在满足加工要求下, 加工费用最低?

每个零件的台时数和加工费

车床	台时数/h			加工费/(元/h)		
	零件a	零件b	零件c	零件a	零件b	零件c
A	0.3	0.5	1.2	16	22	30
B	0.2	0.8	1.4	11	25	42

4. 完成实验11.2钢管下料问题的求解.

5. 有七种规格的包装箱要装到两辆铁路平板车上去. 包装箱的宽和高是一样的,但厚度 t(单位:cm)及重量 w(单位:kg)是不同的. 下表给出了每种包装箱的厚度、重量以及数量. 每辆平板车有 10.2 m 长的地方可用来装包装箱(类似面包片那样),载重为 40 t. 由于当地货运的限制,对 C5,C6,C7 类的包装箱的总数有一个特别的限制:这类箱子所占的空间(厚度)不能超过302.7 cm. 试把包装箱装到平板车上去使得浪费的空间最小.

	C1	C2	C3	C4	C5	C6	C7
t/cm	48.7	52.0	61.3	72.0	48.7	52.0	64.0
w/kg	2 000	3 000	1 000	500	4 000	2 000	1 000
件数	8	7	9	6	6	4	8

第 12 章　常微分方程实验

含有未知函数及其导数或微分的等式,称为微分方程.建立微分方程只是解决问题的第一步,通常需要求出方程的解来说明实际现象,并加以检验.如果能得到解析形式的解固然便于分析和应用,但我们知道,只有线性常系数微分方程或者是某些特殊类型的方程,才可以肯定得到这样的解,而绝大多数方程都是所谓"解不出来"的.因此,采用适当的数值方法来求解微分方程已成为微分方程求解的主要手段.

1. 了解常微分方程的基本建立方法和数值解的基本方法;
2. 熟悉欧拉法,预估校正方法的理论,掌握相应的 MATLAB 命令;
3. 了解常微分方程组的一些基本理论及 MATLAB 实现.

12.3.1　常微分方程的建立及解析解

微分方程可以用来刻画一些变化规律,这些规律可能是反映某些物理现象或者甚至是社会现象的.例如,最早使用微分方程来研究人口增长规律的当属马尔萨斯(Thomas R. Malthus,1766—1834).

马尔萨斯认为,人口的增长服从一个简单的规律,即人口的增长速度正比于当时的人口总数.若记人口数 $N(t)$ 是时间 t 的函数,马尔萨斯的理论就是

$$\frac{\mathrm{d}N(t)}{\mathrm{d}t} = kN(t),$$

这里 k 是比例系数.从常微分方程的理论或者简单的移项,都可以得到 $N(t) = ce^{kt}$,其中 c 是任意常数.因此,这并不是一个解,而是一个通解.若需要一个特定

的解，我们需要某个时刻的人口普查数据，即 $N(t_0) = N_0$，这时候 $N(t) = N_0 e^{k(t-t_0)}$. 条件 $N(t_0) = N_0$ 称为初值，含有初值条件的常微分方程称为常微分方程初值问题.

从这个解析解可以看出，人口的增长速度是无限制的，呈爆发式增长，与后来许多的人口数据不相符合. 荷兰数学家维尔胡斯特（P. F. Verhulst）在 19 世纪提出阻滞增长（Logistic）模型，即人口增长速度不仅和当时人口总数成正比，也和平均每人占有的资源成正比. 若假设目前环境资源所能容纳的的人口总数为 N_{max}，则

$$\frac{\mathrm{d}N(t)}{\mathrm{d}t} = kN(t)\left(1 - \frac{N}{N_{max}}\right).$$

又例如，描述振荡器的范德波尔（Van der Pol）方程是

$$\frac{\mathrm{d}^2 y}{\mathrm{d}^2} - \mu(1 - y^2)\frac{\mathrm{d}y}{\mathrm{d}t} + y = 0, \quad y(0) = y_0, \quad y'(0) = y'_0.$$

若令 $x = \dfrac{\mathrm{d}y}{\mathrm{d}t}$，则

$$\begin{cases} \dfrac{\mathrm{d}y}{\mathrm{d}t} = x, & y(0) = y_0, \\ \dfrac{\mathrm{d}x}{\mathrm{d}t} = \mu(1 - y^2)x - y, & x(0) = y'_0. \end{cases}$$

前者是一个二阶常微分方程，后者是一个常微分方程组.

MATLAB 语言的符号运算工具箱提供了一个常微分方程求解的实用函数 dsolve，该函数允许用字符串的形式描述微分方程及初值、边值条件，最终得出微分方程的符号解（解析解）.

实验 12.1：常微分方程符号求解

例题　（1）求解微分方程 $y' - ky(1 - y/y_{max}) = 0$ 的通解及在初始条件 $y(0) = y_0$ 的特解.
（2）求解范德波尔方程.

解　在命令窗口输入如下：

```
>> dsolve('Dy= k* y* (1- y/ymax)= 0','y(0)= y0')
ans=
 - ymax/(exp(ymax* (log((y0- ymax)/y0)/ymax- (k* t)/ymax))- 1)
>> dsolve('D2y- mu* (1- y^2)* Dy+ y= 0')
Warning: Explicit solution could not be found.
```

这里，Dy，D2y 表示 y' 和 y''. 常微分方程可能是没有解析解的，如范德波尔方程.

12.3.2 常微分方程的数值解法

下面介绍一些常微分方程的数值解法. 假设需要求解的是一阶的常微分方程初值问题 $y' = f(t, y)$, $y(t_0) = y_0$, 其中 f 是某个二元函数.

1. 欧拉法

考虑泰勒展开式

$$y(t) = y(t_0) + (t - t_0)y'(t_0) + \frac{(t - t_0)^2}{2!}y''(t_0) + \cdots,$$

保留一阶项, 并利用微分方程本身, 就有

$$y(t) = y(t_0) + hf(t_0, y_0),$$

这里 $h = t - t_0$, $y_0 = y(t_0)$, 并且 $f(t_0, y_0) = y'(t_0)$. 然后, 同样, 考虑在点 t_1, t_2, $\cdots$ 等处做泰勒展开, 就有

$$y_k = y_{k-1} + hf(t_{k-1}, y_{k-1}).$$

把这些求得的点 (t_k, y_k) 连接, 可以得到如图 12.1 折线。因此, 该方法也称折线法.

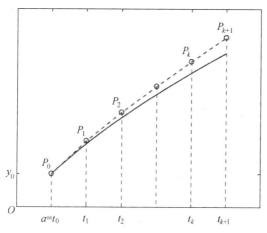

图 12.1　欧拉法的几何意义

实验 12.2: 欧拉法求常微分方程初值问题

例题　求解微分方程 $\dfrac{\mathrm{d}y}{\mathrm{d}t} = f(t, y) = y - \dfrac{2t}{y}$, $y(0) = 1$, $0 \leqslant t \leqslant 1$.

解　精确解为 $y = \sqrt{1 + 2t}$. 可以通过下面的方式求出精确解:

```
>> dsolve('Dy= y- 2* t/y','y(0)= 1','t')
ans=
(2* t+ 1)^(1/2)
```

下面的程序实现欧拉方法.

```
function[t, y]= odeEuler(f, t0, tn, y0, h)
% f: name of the m- file that evaluate the right hand side of ODE
% t0: initial t
% tn: stopping value t
% h: stepsize
% y0: initial condition at t= t0
    t= [t0:h:tn];
    n= length(t);
    y= y0* ones(1, n);
    for k= 2:n,
    y(k)= y(k- 1) + h * feval( f, t(k- 1), y(k- 1) );
 end
```

演示如下.建立函数 fun1.m:

```
function dydt= fun1(t, y)
  dydt= y- 2* t/y;
```

调用如下(令 $h=0.2$):

```
>> [t, y]= odeEuler('fun1', 0, 1, 1, 0.2)
```

或者(这里不需要建立文件 f1.m)

```
>> ff= inline('y- 2* t/y', 't', 'y');
>> [t, y]= odeEuler(ff, 0, 1, 1, 0.2)
```

实验 12.2 求得的解与精确解比较,可以得到误差如表 12.1 所示.

表 12.1 欧拉法求解及其误差

t_{k-1}	$f(t_{k-1}, y_{k-1})$	$y_k = y_{k-1} + hf(t_{k-1}, y_{k-1})$	精确值	误差
0.0	1.0000	1.2000	1.1832	0.0168
0.2	0.8667	1.3733	1.3416	0.0317
0.4	0.7908	1.5315	1.4832	0.0483
0.6	0.7479	1.6811	1.6125	0.0686
0.8	0.7293	1.8269	1.7321	0.0949

2. 改进的欧拉法

如果考虑泰勒展开式

$$y(t_0) = y(t) + (t_0 - t)y'(t) + \frac{(t_0 - t)^2}{2!}y''(t) + \cdots,$$

同样省略二阶及以上的项,有

$$y(t) = y(t_0) + y'(t)(t - t_0) = y(t_0) + hf(t, y).$$

可以得到类似的迭代格式

$$y_k = y_{k-1} + hf(t_k, y_k).$$

这个格式称为隐式格式,因为通常计算 y_k 需要求解一个非线性方程. 因此,有如下的折衷方式,称为改进欧拉法,是一种预估校正法:

预估:　$\bar{y}_k = y_{k-1} + hf(t_{k-1}, y_{k-1})$;

校正:　$y_k = y_{k-1} + \dfrac{h}{2}(f(t_{k-1}, y_{k-1}) + f(t_k, \bar{y}_k))$.

实验 12.3:改进欧拉法

例题　用改进的欧拉法求解微分方程 $\dfrac{\mathrm{d}y}{\mathrm{d}t} = f(t, y) = y - \dfrac{2t}{y}$, $y(0) = 1$, $0 \leqslant t \leqslant 1$.

解　精确解为 $y = \sqrt{1 + 2t}$. 同样使用之前建立的函数文件 fun1. m,建立改进的欧拉法文件 odeHeun. m:

```
function[t, y]= odeHeun(f, t0, tn, y0, h)
%  f: name of the m- file that evaluate the right hand side of ODE
%  t0: initial t
%  tn: stopping value t
%  h: stepsize
%  y0: initial condition at t= t0
t= [t0:h:tn];
n= length(t);
y= y0* ones(1, n);
for k= 2:n,
    bary= y(k- 1)+ h* feval(f, t(k- 1), y(k- 1));
    y(k)= y(k- 1)+ h/2* (feval(f, t(k- 1), y(k- 1))+ feval(f, t(k), ba-
        ry));
 end
```

取 $h = 0.2$,初值为 1,迭代命令为

```
>> [t, y]= odeHeun('fun1', 0, 1, 1, 0.2)
```

得到改进欧拉法的近似解:$y(0.2) = 1.1867$, $y(0.4) = 1.3483$, $y(0.6) = 1.4937$, $y(0.8) = 1.6279$, $y(1.0) = 1.7542$. 最后一个值的误差也仅有 0.0222.

3. 龙格-库塔方法

一般来说,欧拉法或者改进欧拉法的精度都不高.若对于某些微分方程需要更高的精度,可以采用如下的各种不同阶数的龙格-库塔(Runge-Kutta)方法,这些方法阶数越高则计算精度也越高:

二阶龙格-库塔方法

$$y_k = y_{k-1} + \frac{h}{2}(\varphi_1 + \varphi_2),$$

其中,

$$\begin{cases} \varphi_1 = f(t_{k-1}, \ y_{k-1}), \\ \varphi_2 = f(t_{k-1} + h, \ y_{k-1} + h\varphi_1). \end{cases}$$

三阶龙格-库塔方法

$$y_k = y_{k-1} + \frac{h}{6}(\varphi_1 + 4\varphi_2 + \varphi_3),$$

其中,

$$\begin{cases} \varphi_1 = f(t_{k-1}, \quad y_{k-1}), \\ \varphi_2 = f(t_{k-1} + \frac{1}{2}h, \quad y_{k-1} + \frac{1}{2}h\varphi_1), \\ \varphi_3 = f(t_{k-1} + h, \quad y_{k-1} - h\varphi_1 + 2h\varphi_2). \end{cases}$$

最常用的四阶龙格-库塔方法

$$y_k = y_{k-1} + \frac{h}{6}(\varphi_1 + 2\varphi_2 + 2\varphi_3 + \varphi_4),$$

其中,

$$\begin{cases} \varphi_1 = f(t_{k-1}, \ y_{k-1}), \\ \varphi_2 = f(t_{k-1} + \frac{1}{2}h, \quad y_{k-1} + \frac{1}{2}h\varphi_1), \\ \varphi_3 = f(t_{k-1} + \frac{1}{2}h, \quad y_{k-1} + \frac{1}{2}h\varphi_2), \\ \varphi_4 = f(t_{k-1} + h, \quad y_{k-1} + h\varphi_3). \end{cases}$$

实验 12.4:龙格-库塔方法求解范德波尔方程

例题　用四阶龙格-库塔方法求解范德波尔微分方程,其中 $\mu=3$, $y(0)=1$, $y'(0)=0.1$,
$0\leqslant t\leqslant10$.

解　建立四阶龙格库塔方法文件 odeRK4. m:

```
function[t, y]= odeRK4(f, t0, tn, y0, h, PARAM)
% f: name of the m- file that evaluate the right hand side of ODE
% t0: initial t
% tn: stopping value t
% h: stepsize
% y0: initial condition at t= t0
% PARAM: parameters
t= [t0:h:tn];
n= length(t);
y= y0* ones(1,n);
for k= 2:n,
  phi1= feval(f, t(k- 1),  y(:,k- 1),  PARAM);
  phi2= feval(f, t(k- 1)+ h/2, y(:,k- 1)+ phi1* h/2,PARAM);
  phi3= feval(f, t(k- 1)+ h/2, y(:,k- 1)+ phi2* h/2,PARAM);
  phi4= feval(f, t(k- 1)+ h,  y(:,k- 1)+ phi3* h,  PARAM);
  y(:,k)= y(k- 1) + h/6 *  (phi1+ 2* phi2+ 2* phi3+ phi4);
 end
```

把范德波尔方程变形为一阶方程组,建立函数如下:

```
function dydt= vanderpol(t, y, mu)
% y(1): Y
% y(2): x= y'(t)
  dydt = [y(2);
      mu* (1- y(1)^2)* y(2)- y(1)];
```

取步长 $h=0.05$,调用命令如下:

```
>> mu= 3;
>> [t, y]= odeRK4('vanderpol', 0, 10, [1 0.1]', 0.05, mu);
>> plot(t, y)                    % plot(t, y(1,:))
```

　　MATLAB 提供了几个专门用于求常微分方程数值解的函数,如 ode23,
ode45,ode23s 等.它们均采用龙格-库塔算法,其中 ode23 系列采用二阶和三阶
龙格-库塔算法求解,ode45 采用四阶、五阶龙格-库塔算法求解.一般来说,

ode45 比 ode23 的积分段少,运算速度会更快一些.因为没有一种算法可以有效地解决所有的常微分方程问题,MATLAB 提供了多种求解器.对于不同的问题,采用不同的求解器,具体的函数如表 12.2 所示.

表 12.2   不同微分方程求解器的特点

求解器	方程类型	特点	说明
ode45	非刚性	一步法,4, 5 阶 Runge-Kutta 格式	大部分场合的首选算法
ode23	非刚性	一步法,2, 3 阶 Runge-Kutta 格式	使用精度较低的情形
ode113	非刚性	多步法,Adams 算法	计算时间比 ode45 短
ode23t	适度刚性	采用梯形算法	适度刚性情形
ode15s	刚性	多步法,Gear 反向数值微分,精度中等	若 ode45 失效时,可尝试使用
ode23s	刚性	一步法,2 阶 Rosebrock 算法,低精度	计算快,精度要求比较低

12.4   练习题

1. 求解微分方程 $y'' - y' + 2y = 5$ 的通解,及在初始条件 $y(0) = 1$,$y'(0) = 2$ 下的特解.

2. 试用数值解方法求解下面的微分方程组.

$$\begin{cases} x''(t) = -2x(t) - 3x'(t) + e^{-5t}, \\ y''(t) = 2x(t) - 3y(t) - 4x'(t) - 4y'(t) - \sin t. \end{cases}$$

初始条件:$x(0) = 1$,$x'(0) = 2$,$y(0) = 3$,$y'(0) = 4$.

3. 假设空气阻力与速度的平方成正比,则跳伞者下落的速度可以通过下面的微分方程刻画:

$$\frac{dv}{dt} = g - \frac{c}{m}v^2,$$

其中,v 是下落的速度,g 是重力加速度,$c = 0.76$ 是阻力系数.若有一体重 80 kg 的高空跳伞者从 5.5 km 高度跳下,请计算他着地的时间.

4. 一个 100 L 的容器装满了浓度 10% 的盐水,现在以 2 L/min 的速度注入清水冲淡溶液,问 1 h 后容器中溶液的含盐量.

5. 一个慢跑者在椭圆跑道上以速率 1 m/s 慢跑,椭圆的方程为 $x(t) = 10 + 20\cos t$,$y(t) = 20 + 5\sin t$. 突然,有一只狗从原点以恒定速率 w 出发攻击他,狗的运动方向始终指向慢跑者.求 $w = 5$ m/s 和 $w = 20$ m/s 两种情况下狗的运动轨迹.

6. 尝试用各种方法求解下面的微分方程,你可以自己编写龙格-库塔方法程序,或者调用 MATLAB 的 ode45 或者 ode23s.

$$\begin{cases} y_1'(t) = 0.04(1-y_1) - (1-y_2)y_1 + 0.0001(1-y_2)^2, \\ y_2'(t) = -10\,000y_1 + 30\,000(1-y_2)^2, \\ y_1(0) = y_2(0) = 1, \\ 0 \leqslant t \leqslant [0, 100]. \end{cases}$$

第 13 章 非线性规划实验

13.1 实验导读 ▪▐▶

一个最优化问题,如果它的目标函数或者约束函数中至少有一个非线性函数,称为非线性规划问题.非线性规划问题在形式上和线性规划一样,只是在求解上比起线性规划要来得难,它的最优解的情况也比线性规划复杂.非线性规划是具有广泛应用背景的一个数学工具,在 MATLAB 中有各种函数可供使用.一些特殊的规划形式,如二次规划问题,也有其独特的应用价值.

13.2 实验目的 ▪▐▶

1. 学会二次规划和非线性规划的建模方法;
2. 掌握 MATLAB 中的 quadprog 和 fmincon 等命令.

13.3 实验内容 ▪▐▶

13.3.1 二次规划问题的求解

二次规划问题是另一种简单的约束最优化问题,其目标函数为决策变量的二次型形式,约束条件仍为线性不等式约束,一般二次型规划问题的数学表示为

$$\min_{x \in R^n} \quad \frac{1}{2} x^{\mathrm{T}} H x + f^{\mathrm{T}} x$$

$$\text{s. t.} \quad Ax \leqslant b$$

$$Aeq \cdot x = beq$$

$$lb \leqslant x \leqslant ub.$$

和线性规划问题相比,二次规划问题目标函数中多了一个二次型 $x^{\mathrm{T}} H x$.

MATLAB 的最优化工具箱提供了求解二次型规划问题的 quadprog 函数,其调用格式为

```
[x, fv, flag, c]= quadprog(H, f, A, b, Aeq, beq, lb, ub, x0, options)
```

其中,函数调用时,H 为二次型规划目标函数中的 **H** 矩阵,其余各个变量与线性规划函数调用的完全一致.

实验 13.1:二次规划

例题　试求解下面的二次规划问题.

$$\min \quad (x_1-1)^2 + (x_2-2)^2 + (x_3-3)^3 + (x_4-4)^2$$
$$\text{s. t.} \quad x_1 + x_2 + x_3 + x_4 \leqslant 5$$
$$3x_1 + 3x_2 + 2x_3 + x_4 \leqslant 10$$
$$x_1, x_2, x_3, x_4 \geqslant 0.$$

解　首先将原始问题写成二次型规划的模式,展开目标函数得到

$$f(\boldsymbol{x}) = x_1^2 + x_2^2 + x_3^2 + x_4^2 - 2x_1 - 4x_4 - 6x_3 - 8x_4 + 30$$
$$= \frac{1}{2}\boldsymbol{x}^{\mathrm{T}}\boldsymbol{H}\boldsymbol{x} + \boldsymbol{f}^{\mathrm{T}}\boldsymbol{x} + 30,$$

其中,**H**=diag([2, 2, 2, 2]), **f**=(−2, −4, −6, −8)^{T}, **x**=$(x_1, x_2, x_3, x_4)^{\mathrm{T}}$,而目标函数中的常数 30 对最优化结果没有影响,可略去. 运行如下命令求解该问题:

```
>> f= [-2, -4, -6, -8]';
>> H= diag([2, 2, 2, 2]);
>> A= [1, 1, 1, 1; 3, 3, 2, 1];
>> B= [5; 10]';
>> Aeq= [];
>> Beq= [];
>> lb= [0, 0, 0, 0]';
>> ub= [];
>> x0= [];
>> opt= optimset;
>> opt.LargeScale= 'off';
>> [x, fv]= quadprog(H, f, A, B, Aeq, Beq, lb, ub, x0, opt)
Optimization terminated.
x =
 0.0000
 0.6667
 1.6667
 2.6667
fv =
 -23.6667
```

经过计算可得,在约束条件下,当 $x=(0.0000, 0.6667, 1.6667, 2.6667)^{\mathrm{T}}$ 时,所求函数取得最小值,且最小值为 $-23.6667+30=6.3333$.

13.3.2　一般约束最优化问题求解

一般地,约束优化问题具有如下的形式:

$$
\begin{aligned}
\min \quad & z = f(x) \\
\text{s. t.} \quad & A x \leqslant b \\
& Aeq \cdot x = beq \\
& C(x) \leqslant 0, \ Ceq(x) = 0 \\
& lb \leqslant x \leqslant ub.
\end{aligned} \tag{13.1}
$$

MATLAB 中求解该形式的非线性规划的命令是 fmincon. 它的一般调用格式如下:

```
[x, fv, flag]= fmincon(f, x0, A, b, Aeq, beq, lb, ub, nlcon)
```

其中,nlcon 的函数需要读者来建立,它返回两个变量,分别为 $C(x)$ 和 $Ceq(x)$ 的函数返回值(若没有相应的约束,可以设置成空矩阵). 其他变量的含义如 quadprog 和 linprog 命令中的方式. 你最好能够把线性的约束整理到 $Ax \leqslant b$ 和 $Aeq \cdot x = beq$ 中,这样 MATLAB 可以更好地处理非线性约束,提高算法效率.

实验 13.2:约束优化规划

例题　试求解下面的约束最优化问题.

$$
\begin{aligned}
\min \quad & x_1^2 + x_2^2 - x_1 x_2 - 2x_1 - 5x_2 \\
\text{s. t.} \quad & (x_1 - 1)^2 - x_2 \leqslant 0 \\
& -2x_1 + 3x_2 - 6 \leqslant 0.
\end{aligned}
$$

解　首先建立非线性约束函数文件:

```
function[c, ceq]= mycon(x)
 c= (x(1)- 1)^2- x(2);
 ceq= [];
```

非线性约束函数返回变量分为 c 和 ceq 两个量,其中,前者为不等式约束的数学描述,后者为非线性等式约束,如果某个约束不存在,则应该将其值赋为空矩阵. 然后,在命令窗口运行如下命令:

```
>> myfun= inline('x(1)^2+ x(2)^2- x(1)* x(2)- 2* x(1)- 5* x(2)','x');
>> A= [- 2, 3];
>> b= 6;
>> Aeq= [];
```

```
>> beq= [];
>> lb= [];
>> ub= [];
>> x0= [0  1]';
>> opt= optimset;
>> opt.LargeScale= 'off'; opt.Display= 'iter'; opt.TolFun= '1e- 30'; opt.
   TolX= '1e- 15';
>> [x, fv, flag, c]= fmincon(myfun, x0, A, b, Aeq, Beq, lb, ub, 'mycon',
   opt)
Optimization terminated.
x =
 0.0000
 0.6667
 1.6667
 2.6667
fv =
 -23.6667
```

MATLAB 也支持把所有函数写在一个文件中来执行复杂的命令,例如下面的例子.

实验 13.3:约束优化规划

例题 求解问题

$$\min \quad (x_1-2)^2+(x_2-4)^2+(x_3-6)^2$$

$$\text{s. t.} \quad \frac{1}{x_1}+\frac{1}{x_2}+\frac{1}{x_3}=\frac{1}{2}$$

$$0\leqslant x_1\leqslant 4, \quad 1\leqslant x_2\leqslant 8, \quad 2\leqslant x_3\leqslant 10.$$

可以如下编写程序. 首先,建立 f.m 和 cons.m 分别如下:

```
function v= f(x)
 v= (x(1)- 2)^2+ (x(2)- 4)^2+ (x(3)- 6)^2;

function[c, ceq]= cons(x)
 ceq= 1/x(1)+ 1/x(2)+ 1/x(3)- 1/2;
 c= [];
```

可以如下调用:

```
>> [x, fv, falg]= fmincon('f', [2 4 6]', [], [], [], [], [0 1 2]', [4 8 10]',
   'cons')
Warning: …… ……
x =
  4.0000
  7.4699
  8.6111

fv =
  22.8580

falg =
     1
```

这里,[2 4 6]'是问题的初始解.一个好的初始解一般可以节省计算时间,且对于非线性规划问题,不同的初始解算法可能会得到不同的答案. cons 函数中,返回变量 c, ceq 分别表示不等式约束和等式约束的函数,若有多个不等式约束(或者等式约束),你可以把 c(或者ceq)写成向量,但都应该整理成右边为 0 的形式.

也可以把它们全部写成一个文件:

```
function test 1
  [x, fv, falg]= fmincon('f',[2 4 6]', [], [], [], [], [0 1 2]', [4 8 10]','cons')

function[c, ceq]= cons(x)
  ceq= 1/x(1)+ 1/x(2)+ 1/x(3)- 1/2;
  c = [];
function v= f(x)
  v= (x(1)- 2)^2+ (x(2)- 4)^2+ (x(3)- 6)^2;
```

在命令行运行>> test1 即可.

13.3.3　非线性规划实验

实验 13.4:包圆问题

例题　平面上有 n 个圆,圆心为 (x_i, y_i),半径为 $r_i(i=1, 2, \cdots, n)$,把这 n 个圆包围起来的最小圆半径 R 是多少,圆心位置在哪儿?

解　设所求圆心位置为 (x, y),则有

$$\min \quad R$$

$$\text{s. t.} \quad \sqrt{(x_i-x)^2+(y_i-y)^2} \leqslant R-r_i, \quad i=1, 2, \cdots, n.$$

实验 13.5：钢管下料 2

例题　某钢管零售商从钢管厂进货，购进的原料钢管长度都是 20 m，根据顾客要求切割售出．现有顾客需要 50 根 3 m、20 根 4 m、12 根 10 m 长的钢管，且采用的切割模式不能超过三种，问如何下料最为节省？

解　用 $i = 1, 2, 3$ 表示三种切割模式，$x_i \geq 0$ 为这三种切割模式下切割的原料钢管数．记第 i 种切割模式生产的 3 m，4 m，10 m 的钢管数量为 $r_{1i}, r_{2i}, r_{3i} \geq 0$．以切割原料钢管数最少为规划目标，则

$$\begin{cases} \min \quad x_1 + x_2 + x_3 \\ \text{s. t.} \quad r_{11}x_1 + r_{12}x_2 + r_{13}x_3 \geq 50 \qquad (3 \text{ m 钢管 50 根}) \\ \qquad r_{21}x_1 + r_{22}x_2 + r_{23}x_3 \geq 20 \qquad (4 \text{ m 钢管 20 根}) \\ \qquad r_{31}x_1 + r_{32}x_2 + r_{33}x_3 \geq 12 \qquad (10 \text{ m 钢管 12 根}) \\ \qquad r_{ij} \geq 0, \ x_i \geq 0 (i, j = 1, 2, 3). \end{cases}$$

考虑添加约束，即每种切割方式应该是合理的：切割总长应该短于钢管长度，且余量应该小于最短的可用钢管的长度，则有

$$18 \leq 3r_{1i} + 4r_{2i} + 10r_{3i} \leq 20 (i = 1, 2, 3).$$

实验 13.6：水泥运输 2

例题　某工程公司有 6 个建筑工地要开工，每个工地的位置用平面直角坐标 (a, b) 表示，单位为 km，其水泥日用量用 $d(t)$ 表示，由下表给出相关数据．以前有两个临时料场位于 $A(5, 1)$，$B(2, 7)$，日储量各有 30 t．假设运费正比于运输路线长度及载运量．试重新调整料场的位置，重新制定每天的供应计划，即从 A, B 两料场分别向各工地运送多少吨水泥，可以使总运费最小？

工地编号 i	1	2	3	4	5	6
a_i	1	8	0	5	3	8
b_i	1	0	4	6	6	7
d_i	4	6	6	7	8	11

解　记工地 i 的位置为 (a_i, b_i)，工地的水泥日用量为 $d_i(i = 1, 2, \cdots, 6)$；料场 j 的日储量为 $e_j(j = 1, 2)$；从料场 j 向工地 i 的运送量为 $X_{ij} \geq 0(i = 1, 2, \cdots, 6; j = 1, 2)$，记两个新料场位置为 (x_{13}, x_{14})，(x_{15}, x_{16})．记每运输 1 t 水泥 1 km 花费为 1 个单位，则这个优化问题的目标函数总费用可表示为

$$\min z = \sum_{i=1}^{6} X_{i1} \sqrt{(x_{13} - a_i)^2 + (x_{14} - b_i)^2}$$
$$+ \sum_{i=1}^{6} X_{i2} \sqrt{(x_{15} - a_i)^2 + (x_{16} - b_i)^2}.$$

各工地的日用量必须满足，所以有

$$\sum_{j=1}^{2} X_{ij} = d_i (i = 1, 2, \cdots, 6).$$

同时，各料场的运送量不能超过日储量，所以有

$$\sum_{i=1}^{6} X_{ij} \leqslant e_j (j = 1, 2).$$

这里的变量 $\boldsymbol{X}$ 是一个矩阵，且该问题的料场位置是变量，因此又有四个变量 $x_i (i = 13, \cdots, 16)$. 记

$$\boldsymbol{x} = (X_{11}, X_{21}, \cdots, X_{61}, X_{12}, X_{22}, \cdots, X_{62}, x_{13}, \cdots, x_{16})^{\mathrm{T}}$$

是一个有 16 个分量的向量. 则工地日用量约束可以重新表示为

$$\begin{pmatrix} 1 & 0 & 0 & 0 & 0 & 0 & 1 & 0 & 0 & 0 & 0 & 0 & 0 & 0 & 0 & 0 \\ 0 & 1 & 0 & 0 & 0 & 0 & 0 & 1 & 0 & 0 & 0 & 0 & 0 & 0 & 0 & 0 \\ 0 & 0 & 1 & 0 & 0 & 0 & 0 & 0 & 1 & 0 & 0 & 0 & 0 & 0 & 0 & 0 \\ 0 & 0 & 0 & 1 & 0 & 0 & 0 & 0 & 0 & 1 & 0 & 0 & 0 & 0 & 0 & 0 \\ 0 & 0 & 0 & 0 & 1 & 0 & 0 & 0 & 0 & 0 & 1 & 0 & 0 & 0 & 0 & 0 \\ 0 & 0 & 0 & 0 & 0 & 1 & 0 & 0 & 0 & 0 & 0 & 1 & 0 & 0 & 0 & 0 \end{pmatrix} \begin{pmatrix} X_{11} \\ X_{21} \\ \vdots \\ X_{61} \\ \vdots \\ X_{62} \\ x_{13} \\ \vdots \\ x_{16} \end{pmatrix} = \begin{pmatrix} d_1 \\ d_2 \\ d_3 \\ d_4 \\ d_5 \\ d_6 \end{pmatrix}.$$

同理，料场运送量约束可以重新改写成

$$\begin{pmatrix} 1 & 1 & 1 & 1 & 1 & 1 & 0 & 0 & 0 & 0 & 0 & 0 & 0 & 0 & 0 & 0 \\ 0 & 0 & 0 & 0 & 0 & 0 & 1 & 1 & 1 & 1 & 1 & 1 & 0 & 0 & 0 & 0 \end{pmatrix} \begin{pmatrix} X_{11} \\ X_{21} \\ \vdots \\ X_{61} \\ \vdots \\ X_{62} \\ x_{13} \\ \vdots \\ x_{16} \end{pmatrix} \leqslant \begin{pmatrix} e_1 \\ e_2 \end{pmatrix}.$$

可以有如下的程序：

```
function site2
  warning off;
  a=[1  8  0  5  3  8]';
  b=[1  0  4  6  6  7]';
  d=[4  6  6  7  8  11]';
  t=[30  30]';
  xq=[5  2]';
  yq=[1  7]';
% fixed site
  A  = kron(eye(2), ones(1, 6));
  Aeq= kron(ones(1, 2), eye(6));
  dist1= sqrt((xq(1)- a).^2+ (yq(1)- b).^2);
  dist2= sqrt((xq(2)- a).^2+ (yq(2)- b).^2);
  f  = [dist1; dist2];
  [x, fv, flag]= linprog(f, A, t, Aeq, d, zeros(12, 1), [])
  subplot(1, 2, 1);
  sdrw(x, a, b, d, xq, yq, t);
% optimized site
  A2  = [A zeros(2, 4)];
  Aeq2= [Aeq zeros(6, 4)];
  lb  = [zeros(12, 1); - inf* ones(4, 1)];
  opt1= optimset;
  x0  = [x; 5; 5; 5; 5];
  [x2, fv2, flag]= fmincon('fun', x0, A2, t, Aeq2, d, lb, [], ...
     [], opt1, a, b)
  subplot(1, 2, 2);
  sdrw(x2(1:12), a, b, d, x2([13  15]), x2([13  15]), t);
  title(['saved' num2str(fv- fv2) 'unit'],'fontsize', 14);

function v= fun(x, a, b)
  dist1= sqrt((x(13)- a).^2+ (x(14)- b).^2);
  dist2= sqrt((x(15)- a).^2+ (x(16)- b).^2);
  f  = [dist1; dist2];
  v  = f'* x(1:12);

function sdrw(x, a, b, d, xq, yq, t)
```

```
hold on;
 for k= 1:6,
   plot(a(k), b(k),'bh','markersize', d(k),'markerface','b');
 end
 for k= 1:2,
   plot(xq(k), yq(k),'ro', ...
     'markersize',t(k)/2,'markerface','c');
   for s= 1:length(a),
     if x((k- 1)* 6+ s)> 0.01,
       plot([xq(k) a(s)], [yq(k) b(s)],'k:',...
         'linewidth', x((k- 1)* 6+ s));
     end
   end
 end
end
axis('equal',[-1  9  -1  9])
```

其中,函数 sdrw 和之前 site1. m 中的完全一样. 如果因为 MATLAB 版本问题,程序在 MAT-LAB 中运行不了,可以试试将第 24 行中的 'fun' 改成 @ fun.

　　在这个程序中,目标函数实际上是 $f(x; a, b)$,其中 x 是含有 16 个变量的未知向量,a,b 是向量参数. 具体求目标值时,需要给出 a, b 的值:在我们的程序中,第 24 行最后的 a, b (写在 opt1 之后)就是传给函数 fun 的参数值.

　　运行程序 site2. m,可得如图 13.1 的图形演示,其中,左右两图分别为优化前后的运输方式.

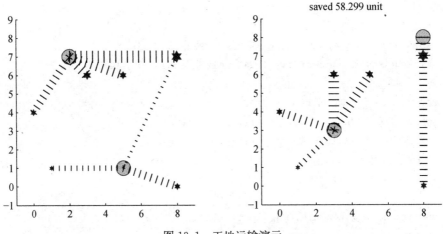

图 13.1　工地运输演示

13.4　练习题

1. 试求解下面的二次规划问题.

$$\min \quad 2x_1^2 - 4x_1x_2 + 4x_2^2 - 6x_1 - 3x_2$$
$$\text{s. t.} \quad x_1 + x_2 \leqslant 3$$
$$4x_1 + x_2 \leqslant 9$$
$$x_1, x_2 \geqslant 0.$$

2. 试求解下面的非线性规划问题.

$$\min \quad e^{x_1}(4x_1^2 + 2x_2^2 + 4x_1x_2 + 2x_2 + 1)$$
$$\text{s. t.} \quad x_1 + x_2 \leqslant 0$$
$$-x_1x_2 + x_1 + x_2 \geqslant 1.5$$
$$-10 \leqslant x_1, 10 \leqslant x_2.$$

3. 求解实验 13.5 的钢管下料问题 2；

4. 已知三维空间中有 4 个球,球心坐标分别为 (1, 2, 3),(3, 2, 1),(4, 4, 2),(3, 1, 5),半径分别为 3, 4, 2, 4. 问能把这 4 个球都包含在里面的最小的球半径应为多少?

5. 某公司准备了 5 000 万元资金用于开发三个项目,这三个项目的年收益率分别为 10%,12% 和 18%,但投资风险正比于投资额的平方,比例系数为 0.15. 如何分配投资额可以使得风险尽可能小,且年投资回报率不少于 15%?

第 14 章　加密和解密实验

　　密码是生活中离不开的一件事情,加密和解密更是在军事中扮演了重要的角色,甚至说它决定了战争的输赢都不过份. 在加密解密这对矛盾中,通常会有三个角色出现:消息发送方,消息接收方,偷窥者. 消息发送方想把某个消息发送给接收方,但不想让偷窥者知道,因此他把正常的消息(明文)通过某种方式(加密)变成不可阅读的形式(密文),接收方再把密文还原成明文(解密);如果偷窥者不知道如何加密或者如何解密,他就没有办法截获这段消息. 加密解密可能用来提供完整的机密消息,用来鉴别或者提供证书(抗抵赖).

14.2　实验目的

　　1. 了解加密解密的基本方法和原理;
　　2. 学会用 MATLAB 实现简单的加密和解密.

14.3　实验内容

14.3.1　凯撒移位密码

　　凯撒移位密码,据说是最早的加密方法,把每个字母向前移动一定的几位,到了字母表最后再折回第一个字母. 例如,移动 3 位时是这样的:'A' 变成 'D','B' 变成 'E',...,'X' 变成 'A','Y' 变成 'B', 'Z' 变成 'C'. 这样,'MATHEMATICS EXPERIMENTS' 变成 'PDWKHPDWLFV HASHULPHQWV'.

实验 14.1:移位密码

下面的程序实现了凯撒移位密码:

```
function c= cesar(m, s)
% m: message
% s: shift
```

```
%  c: ciphertext
  m= upper(m);
  m(m< 'A'|m> 'Z')= [];
  c= m+ s;
  c(c> 'Z')= c(c> 'Z')- 26;
  c= char(c);
```

演示如下:

```
>> cesar('mathematics experiments', 3)
ans=

    PDWKHPDWLFVHASHULPHQWV
```

凯撒密码很容易编制,但也很容易破解:你只要试试移位的不同(总计 26 种可能),便能知道哪一个是正确的移位方式.

一个改进凯撒密码的方式,是制造下面的一个明密对照表:

A	B	C	D	E	F	G	H	I	J	K	L	M
M	A	T	H	E	I	C	S	X	P	R	N	B
N	O	P	Q	R	S	T	U	V	W	X	Y	Z
D	F	G	J	K	L	O	Q	U	V	W	Y	Z

这个对照表是这么产生的:写下 'MATHEMATICS EXPERIMENTS',然后把已经出现过的字母删掉,就得到了 'MATHEICSXPRN',把字母表中未出现的字母列在后面就行了.这样,如果有如下一段话:

You cannot teach a man anything, you can only help him find it within himself.

则通过这个对照表,去掉空格和标点它就变成了

YFQTMDDFOOEMTSMBMDMDYOSXDCYFQTMDFDNYSENGSXBIXDHXOVXOSXDSXBLENI

实验 14.2:凯撒密码

改进凯撒密码的程序:

```
function c= cesar2(m,p)
%  m: message
%  p: password
```

```
%  c: ciphertext
 p= [upper(p)'A':'z'];
 p(p< 'A'|p> 'z')= [];
 m= upper(m);
 m(m< 'A'|m> 'z')= [];
 pp= [];
 for k= 1:length(p),
   if all(p(k)~ = pp),
     pp= [pp p(k)];
   end
 end
 for s= 1:26,
   c(m= = 'A'+ s- 1)= pp(s);
 end
 c= char(c);
```

演示如下:

```
>> x= 'You cannot teach a man anything, you can only help him find it
within himself.';
>> cesar2(x,'MATHEMATICS EXPERIMENTS')
ans=
YFQTMDDFOOEMTSMBMDMDYOSXDCYFQTMDFDNYSENG
SXBIXDHXOVXOSXDSXBLENI
```

14.3.2 希尔密码

希尔(Hill)密码采用初等数论的方法来加密,它基本打乱了字母原来的频率.

首先,选定矩阵的阶数,也是明文字母分组的字母数,如 2. 把 26 个字母和数 1 到 26 对应起来,并且认为所有数在对 26 求余数是相同时就是相等的,即若 $26\mid(a-b)$,记 $a=b(\bmod 26)$. 若 $ab=1(\bmod 26)$,记 $a=b^{-1}$. 方阵 $AB=I$ $(\bmod 26)$,则记 $B=A^{-1}$.这其中,I 是单位矩阵.

例如,我们要加密上面的这段话.先把这段话划分成 2 个一组的字母组:

YO UC AN NO TT EA CH AMAN AN YT HI NG YO UC AN
ON LY HE LP HI MF IN DI TW IT HI NH IM SE LF

若不能恰好分组而剩下字母,可以追加任意(无意义)字母凑齐一组. 它们对应的数值为

$(25, 15), (21, 3), (1, 14), (14, 15), (20, 20), \ldots, \ldots,$

$(9, 13), (19, 5), (12, 6).$

选定 2 阶矩阵 $\boldsymbol{A}$,例如 $\boldsymbol{A} = \begin{pmatrix} 3 & 2 \\ 9 & 11 \end{pmatrix}.$

加密如下:第一组 'YO',即 $(25, 15)$,我们有

$$\boldsymbol{A} \cdot \begin{pmatrix} \text{'Y'} \\ \text{'O'} \end{pmatrix} = \begin{pmatrix} 3 & 2 \\ 9 & 11 \end{pmatrix} \begin{pmatrix} 25 \\ 15 \end{pmatrix} = \begin{pmatrix} 105 \\ 390 \end{pmatrix} = \begin{pmatrix} 1 \\ 26 \end{pmatrix} (\text{mod} 26) = \begin{pmatrix} \text{'A'} \\ \text{'Z'} \end{pmatrix}.$$

如果你选定第四组 'NO',则有

$$\boldsymbol{A} \cdot \begin{pmatrix} \text{'N'} \\ \text{'O'} \end{pmatrix} = \begin{pmatrix} 3 & 2 \\ 9 & 11 \end{pmatrix} \begin{pmatrix} 14 \\ 15 \end{pmatrix} = \begin{pmatrix} 72 \\ 291 \end{pmatrix} = \begin{pmatrix} 20 \\ 5 \end{pmatrix} (\text{mod} 26) = \begin{pmatrix} \text{'T'} \\ \text{'E'} \end{pmatrix}.$$

可以看到,同样是字母 'O',两次加密的结果并不相同

那么,怎么解密呢? 首先,需要求解 $\boldsymbol{A}^{-1} (\text{mod} 26)$. 我们有:

$$\boldsymbol{A}^{-1} = (\det \boldsymbol{A})^{-1} \boldsymbol{A}^* = (33 - 18)^{-1} \begin{pmatrix} 11 & -2 \\ -9 & 3 \end{pmatrix} = (15)^{-1} \begin{pmatrix} 11 & -2 \\ -9 & 3 \end{pmatrix}$$

$$= 7 \begin{pmatrix} 11 & -2 \\ -9 & 3 \end{pmatrix} = \begin{pmatrix} 25 & 12 \\ 15 & 21 \end{pmatrix} (\text{mod} 26).$$

则对于第一组 'AZ',有

$$\boldsymbol{A}^{-1} \cdot \begin{pmatrix} \text{'A'} \\ \text{'Z'} \end{pmatrix} = \begin{pmatrix} 25 & 12 \\ 15 & 21 \end{pmatrix} \begin{pmatrix} 1 \\ 26 \end{pmatrix} = \begin{pmatrix} 337 \\ 561 \end{pmatrix} = \begin{pmatrix} 25 \\ 15 \end{pmatrix} (\text{mod} 26) = \begin{pmatrix} \text{'Y'} \\ \text{'O'} \end{pmatrix}.$$

你可以自己试试第四组 'TE'.

那么,为什么 $15^{-1}(\text{mod} 26)$ 是 7 呢? 若 $\boldsymbol{b} = 15^{-1}(\text{mod} 26)$,意思就是 $15\boldsymbol{b} = 1$ $(\text{mod} 26)$. 怎样求出 $\boldsymbol{b}$ 呢? 可以用辗转相除法:因为

$$\begin{aligned} 26 &= 15 + 11, \\ 15 &= 11 + 4, \\ 11 &= 2 \times 4 + 3, \\ 4 &= 3 + 1, \end{aligned}$$

所以,从最后一式倒着写出来,有

$$\begin{aligned} 1 &= 4 - 3 = 4 - (11 - 2 \times 4) = 3 \times 4 - 11 \\ &= 3 \times (15 - 11) - 11 = 3 \times 15 - 4 \times 11 \\ &= 3 \times 15 - 4 \times (26 - 15) = 7 \times 15 - 4 \times 26. \end{aligned}$$

因此,$7 \times 15 = 1 \pmod{26}$. 事实上,MATLAB 的 gcd 就完成了这个功能:

```
[a, b, c]= gcd(15, 26)
```

实验 14.3:希尔密码

下面的程序实现了希尔密码的加密:

```
function c= hill(m,A)
  m= upper(m)- 'A'+ 1;
  m(m< 1|m> 26)= [];
  l= length(m);
  n= size(A,1);
  lt= ceil(l/n);
  k= lt* n- l;
  m(l+ 1:l+ k)= 'A'+ floor(rand(k,1)* 26);
  c= mod(A* reshape(m, n, lt)- 1,26)+ 1;
  c= char('A'+ reshape(c, 1, n* lt)- 1);
```

演示如下:

```
>> x= 'You cannot teach a man anything, you can only help him find it
within himself.';
>> A= [ 3 2; 9 11];
>> hill(x, A)
ans=
AZQNEGTEVJQDYKCVEGEGKCPODUAZQNEGUCH
SHWPXPOYACADEBQOOPOFFAPORVR
```

14.4　其他加密方法

其他的加密方法还有很多,简单如行列表方法.

例如,我们还是要加密上面这句话.首先,选定一个关键词,如 'MATHEMATICS EXPERIMENTS',同样处理成为 'MATHEICSXPRN',它有 12 个字母.把需要加密的明文排成一行有 12 个字母的矩阵(追加无意义的字母使之成为矩形),并把处理好的关键词放在第一行:

M	A	T	H	E	I	C	S	X	P	R	N
Y	O	U	C	A	N	N	O	T	T	E	A
C	H	A	M	A	N	A	N	Y	T	H	I

（续表）

N	G	Y	O	U	C	A	N	O	N	L	Y
H	E	L	P	H	I	M	F	I	N	D	I
T	W	I	T	H	I	N	H	I	M	S	E
L	F	V	X	D	X	Q	C	H	O	Y	Z

然后,按照关键词指示的字母顺序按列读下来,先读 'A' 的列(第二列,不包括字母 'A'),然后是 'C' 的列,…,最后是 'X' 的列:

OHGEWFNAAMNQAAUHHDCMOPTXNNCIIXYCNHTLAIYIEZTTNNMOEHLDSYONNFHCUAYLIV-
TYOIIH

丹·布朗的小说"数字城堡"的主人公就用了这种加密方法.

14.5　练习题 ▶

1. 写一个凯撒密码解密的 MATLAB 程序.

2. 自己构造一个字母对照表,实现加密,你可以请你的同学来破解看看.

3. 选定一个关键词,编程完成行列表方法的加密.

4. 如果采用希尔加密,加密矩阵为 $A = \begin{bmatrix} 5 & 4 & 3 \\ 6 & 1 & 2 \\ 7 & 8 & 14 \end{bmatrix}$,采用模 26 加密,则解密矩

   阵 $A^{-1}(\mathrm{mod}26)$ 是什么?

5. 下面的这段话是用上一小题的矩阵进行希尔加密的,你能破译出来吗?

   EEUHCJNIYEXFEPIFRYHOQXZMJAABNRGXIRDMKUGQHNTUGNWDQKYQHNDUVJXWU-
   BSTSPXBAMZHOSJKIZEHL

6. MATLAB 中的 codec 提供了一个加密解密的界面,你能用它在不知道密码的情况下解密吗?

第 15 章 生物数学实验

15.1 实验导读

生物科学中有些问题可以通过数学建模,尤其是微分方程的模型来刻画,得到预测结果,也可以在这样的模型下讨论采取某些控制手段的效果.这些问题中比较有代表性的是传染病模型,关于单个种群增长,两个种群间的捕食、共生、竞争等关系也可以通过微分方程来描述.

15.2 实验目的

1. 了解传染病模型和捕食模型的建立机理;
2. 学会用 MATLAB 求解微分方程及某些简单的参数辨识问题.

15.3 实验内容与要求

15.3.1 传染病模型

随着卫生设施的改善,医疗水平的提高以及人类文明的不断发展,诸如霍乱、天花等曾经肆虐全球的传染性疾病已经得到有效的控制.但是一些新的、不断变异的传染病病毒却悄悄向人类袭来.20 世纪 80 年代,十分险恶的艾滋病病毒开始肆虐全球,至今仍在蔓延;2003 年春,来历不明的 SARS 病毒突袭人间,给人们的生命财产带来极大的危害.长期以来,建立数学模型来描述传染病的传播过程,分析受感染人数的变化规律,探索传染病蔓延的手段等,一直是各国专家和官员关注的课题.

模型一:指数增长模型 设时刻 t 的病人数 $x(t)$ 是时间 t 的连续可微函数,并且每天每个病人有效接触(足以使人致病的接触)的人数为 λ.考察 t 到 $t+\Delta t$ 病人人数的增加,就有

$$x(t+\Delta t) - x(t) = \lambda x(t)\Delta t.$$

两边除 Δt 并令 $\Delta t \to 0$,有

$$\frac{\mathrm{d}x}{\mathrm{d}t} = \lambda x.$$

假设病发初期时 $t_0 = 0$ 时刻传染人数为 x_0,则有

$$\frac{\mathrm{d}x}{\mathrm{d}t} = \lambda x,\; x(0) = x_0.$$

从这个微分方程,可解得

$$x(t) = x_0 \mathrm{e}^{\lambda t}.$$

结果表明,随着 t 的增加,病人人数呈指数上升.

实验 15.1:指数增长模型

例题　已知某传染病的每天感染人数如下表:

某传染病的每天感染人数

天数	0	1	2	3	4	5	6	7
感染人数	76	92	107	123	131	151	179	204

试用第 0—6 天的数据建立指数模型,并估计第 7 天感染人数,与真实数据比较.

解　已知解的形式为 $x = x_0 \mathrm{e}^{\lambda t}$,因此 $\lambda t = \ln \frac{x}{x_0}$. 对于给定数据 $i = 0, 1, \cdots, 6$,有

$$\lambda t_i = \ln \frac{x_i}{x_0},$$

这是一个仅含一个变量 λ 但有 7 个方程的方程组,可以采用最小二乘方法求解. MATLAB 程序如下:

```
>> t=[0:6]';
>> x=[76 92 107 123 131 151 179 204]';
>> x1= x(1:7);
>> lambda= t\log(x1./x(1))
lambda=
  0.1436
>> err= x(1)* exp(lambda* 7)- x(8)
err=
  3.7065
```

```
>> err= x(1)* exp(lambda* [0:7]')- x(1:8)   % 其他时刻数据的误差
```
很显然,模型一尽管在某些情形可能拟合得很好,但是长远地看,传染人数不可能完全呈指数方式增长,历史上也没有任何传染病能波及所有人.

　　模型二:阻滞增长模型　考虑在疾病传播期内所考察地区的总人数 N 不变,假设传播时间较短,既不考虑生死,也不考虑迁移.把人群分为易感染者(Sensitive)和已感染者(Infective)两类,以下简称健康者和病人,并将时刻 t 时这两类人在总人数所占的比例分别记作 $s(t)$ 和 $i(t)$.仍旧假设每个病人每天有效接触的平均人数是常数 λ,λ 称为日接触率.当病人与健康者有效接触时,就使健康者受感染成为病人.该模型因为把人分为两类,所以也称为 SI 模型.

　　根据假设,每个病人每天可使 $\lambda s(t)$ 个健康者变成病人,因为病人总数为 $Ni(t)$,所以每天共有 $\lambda Ns(t)i(t)$ 个健康者被感染,于是 λNsi 就是病人数 $Ni(t)$ 的增加率,即有

$$N \frac{\mathrm{d}i}{\mathrm{d}t} = \lambda Nsi.$$

因为总有 $s(t)+i(t)=1$,再记初始时刻 $t=0$ 病人的比例为 i_0,则

$$\frac{\mathrm{d}i}{\mathrm{d}t} = \lambda i(1-i), \quad i(0)=i_0.$$

这就是著名的 Logistic 模型,也称为阻滞增长模型.

　　该微分方程初值问题的解是

$$i(t) = \frac{1}{1+\left(\frac{1}{i_0}-1\right)\mathrm{e}^{-\lambda t}}.$$

实验 15.2:阻滞增长模型

例题　已知某传染病的每天感染人数如下表:

某传染病的每天感染人数

天数	0	1	2	3	4	5	6	7	8	9
感染人数	76	92	107	123	131	151	179	204	206	196

试用这些数据建立阻滞增长模型,并分析传染人数增长趋势.

解　我们已经有了阻滞增长模型解的解析表达式,假设传播区域内人数为 M,可以采用最小二乘方法求解参数 M,λ 和 i_0.MATLAB程序如下:

```
>> t= [0:9]';
>> i= [76 92 107 123 131 151 179 204 206 196]';
>> f= inline('x(1)./(1+ (1/x(2)- 1)* exp(- x(3)* t))', 'x', 't');
% x(1)= M, x(2)= i0, x(3)= lambda
>> x= nlinfit(t, i, f, [2000, 76/2000, 1]')
x=
245.4882                  % M
  0.2989                  % i0
  0.2907                  % lambda
>> err= [f(x, t)- i]'      % 各个时刻数据的误差
err=
 -2.6132  -2.8486  -0.7874  0.9502  10.6376  7.5562  -4.8924
 -16.1124  -6.2930  13.5647
>> tt= linspace(0, 15, 200);
>> plot(tt, f(x, tt), 'r- ', t, i, 'bo')
```

最后两行可以画出给定数据和拟合曲线的图形. 容易看出,实际上在第 8,9 天后,传染病已开始减慢传播速度,很可能在第 9 天已开始有药物治疗. 模型二没有考虑这些,所以它的解能在 t 充分大时得出一个不实际的结论:所有人终究被感染.

模型三:SIR 模型　如果我们考虑病人是可以治好的,则可能有下面两种方式:病人治好后可能再次感染这种传染病,或者再也不可能被感染. 在前一种方式中,治好后的患者对这种病免疫,例如历史上凶险的传染病霍乱或者天花,我们称为移出者(Removed),因此可以建立 SIR 模型. 对于后者,则我们可以建立 SIS 模型.

在 SIR 模型中,我们假设人分成三类,易感染者、已感染者和移出者,记其人数占总人数 N 的比例分别为 s,i,r. 假设治愈率为 μ. 则有从 t 到 $t+\Delta t$ 各类人数变化是

$$N(s(t+\Delta t)-s(t))=-N\lambda s(t)i(t)\Delta t,$$
$$N(i(t+\Delta t)-i(t))=[N\lambda s(t)i(t)-N\mu i(t)]\Delta t,$$
$$N(r(t+\Delta t)-r(t))=N\mu i(t)\Delta t,$$

因此,

$$\frac{\mathrm{d}s}{\mathrm{d}t}=-\lambda si, \qquad s(0)=s_0,$$

$$\frac{\mathrm{d}i}{\mathrm{d}t}=\lambda si-\mu i, \quad i(0)=i_0,$$

$$\frac{\mathrm{d}r}{\mathrm{d}t}=\mu i, \qquad r(0)=r_0.$$

这三个方程不是独立的，它们相加得到一个恒等式.

设 $\lambda = 1.5$，$\mu = 0.05$，$i_0 = 0.01$，$s_0 = 0.99$，可以用如下方式求解这个问题. 首先建立函数 ill. m：

```
function y= ill(t, x)
  lambda= 1.5;
  mu= 0.05;
  y= [- lambda* x(1)* x(2)
     lambda* x(1)* x(2)- mu* x(2)];
```

然后可以如下调用：

```
>> tt= linspace(0, 100);
>> x0= [0.99; 0.01];
>> [t, x]= ode45(@ ill, tt, x0);
>> subplot(1, 2, 1); plot(t, x(:, 1), 'r- ', t, x(:, 2), 'b:');    % 两条解曲线
>> subplot(1, 2, 2);plot(x(:, 1), x(:, 2), 'k- ');                 % 相轨线
```

运行这种程序后，可以得到如图 15.1 所示图形，其中左图为两条解曲线，右图是相轨线.

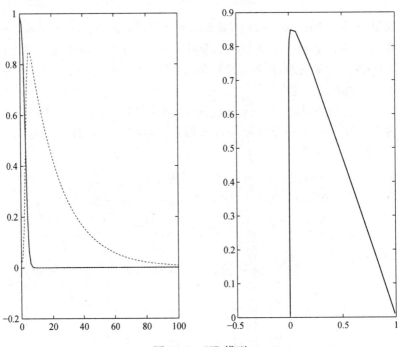

图 15.1　SIR 模型

15.3.2　动物种群竞争依存模型

在生物的种群关系中,一种生物以另外一种生物为食的现象,称为捕食.一般来说,由于捕食关系,当捕食动物数量增长时,被捕食动物数量即逐渐下降,捕食动物由于食物来源短缺,数量也随之下降,而被捕食动物数量却随之上升.这样,周而复始,捕食动物与被捕食动物的数量随时间变化形成周期性的震荡.

实验 15.3:动物种群捕食模型

例题　每隔两个月田间调查一次,得到的田鼠和黄鼠狼种群数量的记录如表 15.1 所示(数量的单位经过处理).通过实验调查所得到的数据,建立合理的模型预测田鼠和黄鼠狼种群数量和波动周期.

表 15.1　田鼠和黄鼠狼种群数量记录

田鼠	29.7	33.1	32.5	69.1	134.2	236.0	269.6	162.3	69.6	39.8	34.0
黄鼠狼	128	104	88	96	88	104	144	176	192	168	152
田鼠	20.7	21.7	37.6	57.6	124.6	215.8	272.7	195.7	95.0	41.9	25.7
黄鼠狼	120	120	96	72	88	104	128	184	192	168	136
田鼠	10.9	22.6	33.6	48.1	92.5	183.3	268.5	230.6	111.1		
黄鼠狼	144	112	96	80	72	88	104	152	184		

解　设 $x(t)$ 和 $y(t)$ 分别表示 t 时刻田鼠和黄鼠狼的数量.

如果田鼠和黄鼠狼这两个种群单独生活,即各自生活在一个孤岛上,田鼠的增长速度正比于当时的数量,即

$$\frac{\mathrm{d}x}{\mathrm{d}t} = \lambda x,$$

而田鼠的天敌黄鼠狼由于没有被捕食对象,其数量减少的速度正比于当时黄鼠狼的数量,即

$$\frac{\mathrm{d}y}{\mathrm{d}t} = -\mu y.$$

现在,假设田鼠和黄鼠狼两个种群生活在一起,且不与其他物种发生捕食与被捕食关系.田鼠一部分遭黄鼠狼的消灭,于是以一定的速率 α 减少,减少的数量正比于天敌的数量,因此有

$$\frac{\mathrm{d}x}{\mathrm{d}t} = (\lambda - \alpha y)x.$$

类似地, 黄鼠狼有了食物, 衰减的速率将以一定的速率减缓, 减少的速率正比于田鼠的数量, 因此有

$$\frac{dy}{dt} = -(\mu - \beta x)y.$$

该问题的初始条件为 $x(0) = x_0$, $y(0) = y_0$. 上述公式中, 最后两个方程联合起来, 称为洛特卡-沃尔泰拉(Lotka-Volterra) 方程, 其中, λ, μ, α 和 β 均为正数.

$$\begin{cases} \dfrac{dx}{dt} = (\lambda - \alpha y)x, \\[2mm] \dfrac{dy}{dt} = -(\mu - \beta x)y, \\[2mm] x(0) = x_0, \quad y(0) = y_0. \end{cases}$$

洛特卡-沃尔泰拉方程的解析解 $x(t)$, $y(t)$ 很难求出, 因此上述方程的参数不宜直接用 MATLAB 函数来拟合解, 可以用下面的方法来求其参数的近似解.

通过简单的变换, 洛特卡-沃尔泰拉方程可以写成

$$\begin{cases} d\ln x = (\lambda - \alpha y)dt, \\ d\ln y = -(\mu - \beta x)dt. \end{cases}$$

在区间 $[t_{i-1}, t_i]$ 上积分, 可得

$$\ln x_i - \ln x_{i-1} = \lambda(t_i - t_{i-1}) - \alpha \int_{t_{i-1}}^{t_i} y(t)dt,$$

$$\ln y_i - \ln y_{i-1} = -\mu(t_i - t_{i-1}) - \beta \int_{t_{i-1}}^{t_i} x(t)dt. \tag{15.1}$$

等式右边的积分, 可以采用梯形公式计算:

$$\int_{t_{i-1}}^{t_i} x(t)dt \approx \frac{t_i - t_{i-1}}{2}(x_i + x_{i-1}),$$

$$\int_{t_{i-1}}^{t_i} y(t)dt \approx \frac{t_i - t_{i-1}}{2}(y_i + y_{i-1}).$$

则式(15.1)是一个有 60 个方程但仅有 4 个变量的方程组, 实际上关于 λ 和 α 有 30 个方程, 关于 μ 和 β 也有 30 个方程. 因此可以用最小二乘方法计算 4 个参数.

参考 MATLAB 代码:

```
function volterra
x=[29.7 33.1 32.5 69.1 134.2 236.0 269.6 162.3 69.6 39.8 ...
   34.0 20.7 21.7 37.6 57.6 124.6 215.8 272.7 195.7 95.0 ...
   41.9 25.7 10.9 22.6 33.6 48.1 92.5 183.3 268.5 230.6 ...
   111.1 ]';
```

```
y= [128  104  88  96  88  104  144  176  192  168 ...
     152  120  120  96  72  88  104  128  184  192 ...
     168  136  144  112  96  80  72  88  104  152 ...
     184 ]';
n= length(x);
te= 2;   % time elapse in an interval
plot(te* (0:n- 1), x, 'ro', te* (0:n- 1), y, 'b* ');
legend('mice', 'weasel');     hold on;
dt = te * ones(n- 1, 1);
Sy = te * (y(1:end- 1)+ y(2:end))/2;
Sx = te * (x(1:end- 1)+ x(2:end))/2;
p1 = [dt - Sy] \ [diff(log(x))];
p2 = [- dt Sx] \ [diff(log(y))];
lambda = p1(1);
mu = p2(1);
alpha= p1(2);
beta= p2(2);
[t, y]= ode 45(@ vollot, [0:0.5:60], [x(1) y(1)]', odeset, ...
             lambda, mu, alpha, beta);
plot(t, y(:, 1), 'r- ', t, y(:, 2), 'b- ', 'linewidth', 2);

function dydt = vollot(t, y, lambda, mu, alpha, beta)
  dydt= [(lambda-alpha* y(2))* y(1)
         (- mu+ beta* y(1))* y(2)
       ];
```

运行程序后,可以得到这两个种群的数量变化如图 15.2 所示.

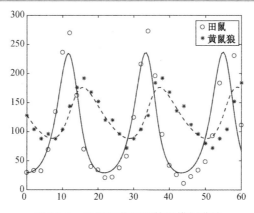

图 15.2 田鼠和黄鼠狼数量模拟曲线

15.4　练习题

1. 尝试建立 SIS 模型,并对阻滞增长案例中的数据进行拟合.

2. 画出田鼠-黄鼠狼捕食问题中的相轨线.

3. 在 SIR 模型中,如果参数是未知的,但已有每天感染的人数统计,如何对 SIR 模型中的参数进行估计?

4. 已知某种生物易受流行病侵袭. 该生物种群在密度高于某个定值 $\tau_{\max}$ 时会爆发流行病,而当密度低于 $\tau_{\min}$ 时会因为种群分布太过稀疏流行病停止. 当没有爆发流行病时,假设该种群按照指数增长模式繁殖. 刻画该种群的数量变化规律,并讨论这个规律时如何依赖于当中的参数的.

第 16 章　零件参数设计实验

16.1　实验导读

通常一件产品由许多个零件组装而成,产品的性能好坏由该产品的某个性能参数进行描述,而产品参数通常取决于各零件的参数.各零件参数的合理选取(不一定都选择最好的零件)将会使得产品参数达到最优.

零件参数包括标定值和容差两部分.进行批量生产时,标定值表示一批零件该参数的平均值,容差则给出了参数偏离其标定值的允许范围.若将零件参数视为随机变量,则标定值代表期望值,容差则规定为均方差的 3 倍.零件的参数设计,就是决定其标定值和容差,考虑两方面因素:

（1）零件容差的大小决定了制造成本的大小,容差设计越小,则成本越高;

（2）当各零件组装成产品时,如果产品参数偏离预先设定的目标值,就会造成质量损失,偏离越大,损失也就越大.

因而,选取适当精度的零件,给出最优的标定值及容差,可以使得产品的性能参数在最大可能的情况下满足要求,具有较低的次品率和废品率,并且造价也不算高,在综合评估下可以使得利润达到最大.

16.2　实验目的

1. 了解关于零件参数设计的问题背景;
2. 学习使用 MATLAB 实现复杂优化问题的求解;
3. 综合概率、优化、算法等工具求解实际问题.

16.3　实验内容

实验 16.1:零件参数设计

试通过如下的实际问题,给出一般的零件参数设计方法.

问题具体描述:一个粒子分离器某参数 y 由 7 个零件的参数 $x_1, \cdots, x_7$ 决定,经验公式为

$$y = 174.42 \times \left(\frac{x_1}{x_5}\right)\left(\frac{x_3}{x_2 - x_1}\right)\sqrt[0.85]{\frac{1 - 2.62\left[1 - 0.36\left(\frac{x_4}{x_2}\right)^{-0.56}\right]^{\frac{3}{2}}\left(\frac{x_4}{x_2}\right)^{1.16}}{x_6 x_7}}.$$

(16.1)

参数 y 的目标值 $y_0 = 1.5$. 当 y 偏离 $y_0 \pm 0.1$ 时，产品为次品，质量损失为 1 000（元）；当 y 偏离 $y_0 \pm 0.3$ 时，产品为废品，质量损失为 9 000（元）.

零件的标定值有一定的允许取值范围. 容差分为 3 个等级 A，B，C，用与标定植的相对值表示，A 等为 1%，B 等为 5%，C 等为 10%. 7 个零件参数标定值的允许范围、不同容差等级零件的成本（元）如下表（表格中的斜线表示没有这种等级的生产方式）：

	标定值允许范围	C 等	B 等	A 等
x_1	$[0.075, 0.125]$	/	25	/
x_2	$[0.225, 0.375]$	20	50	/
x_3	$[0.075, 0.125]$	20	50	200
x_4	$[0.075, 0.125]$	50	100	500
x_5	$[1.125, 1.875]$	50	/	/
x_6	$[12, 20]$	10	25	100
x_7	$[0.5625, 0.935]$	/	25	100

零件的参数设计，就是要确定在相应区间上的一个值以及该零件的容差等级，使得组装成的粒子分离器的产品参数基本符合要求且制造成本最低.

现进行批量生产，每批产量 15 000 个. 原设计方案中，7 个零件参数的标定值取为

$$x_1 = 0.1,\ x_2 = 0.3,\ x_3 = 0.1,\ x_4 = 0.1,$$
$$x_5 = 1.5,\ x_6 = 16,\ x_7 = 0.75,$$

容差均取最便宜的等级.

请综合考虑 y 偏离 y_0 造成的质量损失和零件的生产成本，建立数学模型在总费用最低的原则下，重新设计零件的参数（包括标定值和容差等级），并与原设计比较，确定总费用降低了多少.

求解分为如下的模型建立、算法求解编程及结果展示三大步骤.

16.3.1　模型建立

由上述问题背景，我们知道制造该粒子分离器的费用由两部分组成：

$$费用 = 制造成本 + 质量损失.$$

这当中,制造成本仅考虑由零件所选容差等级的价格构成;而质量损失包括产品可能为废品、次品的情况所造成的损失.容易知道,所选容差等级越高,则零件造价越高,次品率和废品率越低;容差等级越低,则全部相反.另外,零件的标定值并不影响制造的成本,但对产品的标定值会有重要的影响.

按照题目的说明,因产品是批量生产,任意一件产品有可能是正品、次品、废品,所以必须首先计算产品出现次品、废品的概率,进而计算相应的损失.正品、次品、废品可以分别对应下面的概率及质量损失:

(1) $|y - y_0| < 0.1$,则产品为正品,无质量损失;

(2) $0.1 \leqslant |y - y_0| < 0.3$,则产品为次品,损失 1 000 元;

(3) $|y - y_0| \geqslant 0.3$,则产品为废品,损失 9 000 元.

因此,平均来看,一个产品的质量损失 W 为

$$W = 9\,000 \times P\{|y - 1.5| \geqslant 0.3\} + 1\,000 \times P\{0.1 \leqslant |y - 1.5| < 0.3\},$$

其中,$P\{\cdot\}$ 为某事件的概率.计算以上概率必须确定随机变量 y 的概率分布,由于 $y = f(x_1, \cdots, x_7)$,只有先知道随机变量 $x_1, \cdots, x_7$ 的分布才能确定随机变量 y 的概率分布.随机变量 x_k 的分布不确定,根据经验,x_k 应该服从某一正态分布.所以,若 x_{k0} 表示第 k 个零件需设定的标定值(期望值),x_k 表示第 k 个零件的随机值,则

$$x_k - x_{k0} \sim N(0, \sigma_k^2),$$

其中 $N(0, \sigma_k^2)$ 是均值为 0、标准差为 σ_k 的正态分布.因而,$x_k \sim N(x_{k0}, \sigma_k^2)$.它的标准差 σ_k 根据假设可以设定为零件参数容差的 $\frac{1}{3}$,即 $\sigma_k = \dfrac{\Delta_k}{3}$,$\Delta_k$ 可以根据容差等级的 A,B,C 设定为 1%,5% 或者 10%.

由于随机变量 y 与 $x_1, \cdots, x_7$ 的函数关系过于复杂,直接由此函数关系确定随机变量 y 的分布有困难,考虑将函数 $y = f(x_1, \cdots, x_7)$ 做多元一阶泰勒展开,确定近似分布:

$$y = f(x_1, \cdots, x_7) \approx f(x_{10}, \cdots, x_{70}) + \sum_{k=1}^{7} \frac{\partial f}{\partial x_k}\bigg|_{x_{10}, \cdots, x_{70}} (x_k - x_{k0}),$$

$$\tag{16.2}$$

这样,y 近似地可以看成 $x_1, \cdots, x_7$ 的线性函数.令

$$y_0 = f(x_{10}, \cdots, x_{70}) \tag{16.3}$$

为产品的标定值,则因为

$$y - y_0 = \sum_{k=1}^{7} \frac{\partial f}{\partial x_k} (x_k - x_{k0}), \tag{16.4}$$

当假设 7 个不同零件的加工方式独立时,可以得到 $x_i (i = 1, 2, \cdots, 7)$ 是独立的随机变量,则由概率论的理论可知:

$$y \sim N\left(y_0, \sum_{k=1}^{7} \left(\frac{\partial f}{\partial x_k}\right)^2 \cdot \sigma_k^2\right). \tag{16.5}$$

因此,产品参数 y 服从一个正态分布,均值为 y_0,而方差为 $\sigma_y^2 = \sum_{k=1}^{7} \left(\frac{\partial f}{\partial x_k}\right)^2 \cdot \sigma_k^2$. 把随机变量 y 标准化,得到

$$\frac{y - y_0}{\sigma_y} \sim N(0, 1), \tag{16.6}$$

这是一个标准正态分布. 记标准正态分布的分布函数 $F_{0,1}(x)$,容易求出次品率和废品率的概率值.

废品率　$p_1 = P\{|y - 1.5| \geqslant 0.3\} = P\{y \geqslant 1.8 \text{ 或 } y \leqslant 1.2\}$. 该值也可以写成

$$p_1 = P\left\{\frac{y - y_0}{\sigma_y} \geqslant \frac{1.8 - y_0}{\sigma_y}\right\} + P\left\{\frac{y - y_0}{\sigma_y} \leqslant \frac{1.2 - y_0}{\sigma_y}\right\}, \tag{16.7}$$

即

$$p_1 = 1 - F_{0,1}\left(\frac{1.8 - y_0}{\sigma_y}\right) + F_{0,1}\left(\frac{1.2 - y_0}{\sigma_y}\right). \tag{16.8}$$

次品率　$p_2 = P\{0.1 \leqslant |y - 1.5| \leqslant 0.3\} = P\{1.2 \leqslant y \leqslant 1.4 \text{ 或 } 1.6 \leqslant y \leqslant 1.8\}$. 该值也可以写成

$$\begin{aligned}
p_2 = & P\left\{\frac{1.2 - y_0}{\sigma_y} \leqslant \frac{y - y_0}{\sigma_y} \leqslant \frac{1.4 - y_0}{\sigma_y}\right\} \\
& + P\left\{\frac{1.6 - y_0}{\sigma_y} \leqslant \frac{y - y_0}{\sigma_y} \leqslant \frac{1.8 - y_0}{\sigma_y}\right\},
\end{aligned} \tag{16.9}$$

即

$$\begin{aligned}
p_2 = & F_{0,1}\left(\frac{1.4 - y_0}{\sigma_y}\right) - F_{0,1}\left(\frac{1.2 - y_0}{\sigma_y}\right) \\
& + F_{0,1}\left(\frac{1.8 - y_0}{\sigma_y}\right) - F_{0,1}\left(\frac{1.6 - y_0}{\sigma_y}\right).
\end{aligned} \tag{16.10}$$

实际上,正品率 $p_0 = 1 - p_1 - p_2$. 也可以利用该式,由 p_1, p_0 得到 p_2.

因此质量损失

$$W = 9\,000 \times P\{|\,y - 1.5\,| \geqslant 0.3\} + 1\,000 \times P\{0.1 \leqslant |\,y - 1.5\,| < 0.3\},$$

$$= 9\,000 \left[1 - F_{0,1}\left(\frac{1.8 - y_0}{\sigma_y}\right) + F_{0,1}\left(\frac{1.2 - y_0}{\sigma_y}\right) \right]$$

$$+ 1\,000 \left[F_{0,1}\left(\frac{1.4 - y_0}{\sigma_y}\right) - F_{0,1}\left(\frac{1.2 - y_0}{\sigma_y}\right) + F_{0,1}\left(\frac{1.8 - y_0}{\sigma_y}\right) \right.$$

$$\left. - F_{0,1}\left(\frac{1.6 - y_0}{\sigma_y}\right) \right],$$

其中,$F_{0,1}(x)$ 是标准正态分布的分布函数,即

$$F_{0,1}(x) = \int_{-\infty}^{x} \frac{1}{\sqrt{2\pi}} e^{-\frac{t^2}{2}} \, \mathrm{d}\,t.$$

记 c_{ij} 为第 i 个零件取第 j 个容差等级的成本,$i = 1, 2, \cdots, 7$, $j = 1, 2, 3$ (对应 A,B,C 等级),取决策变量 $d_{ij} = 1$ 或者 0 表示第 i 个零件是否取了第 j 个容差等级. 则,可以建立下面的模型:

$$\min \quad Z(\boldsymbol{x}_0, \boldsymbol{d}) = 15\,000 \times \left[W + \sum_{i=1}^{7} \sum_{j=1}^{3} c_{ij} d_{ij} \right]$$

$$\text{s. t.} \quad a_i \leqslant x_{i0} \leqslant b_i \quad (i = 1, 2, \cdots, 7)$$

$$\sum_{j=1}^{3} d_{ij} = 1 \quad (i = 1, 2, \cdots, 7) \tag{16.11}$$

$$d_{ij} \in \{0, 1\} \quad (i = 1, 2, \cdots, 7; j = 1, 2, 3)$$

$$d_{11} = d_{13} = d_{21} = d_{51} = d_{52} = d_{73} = 0.$$

这里,$\boldsymbol{x}_0 = (x_{10}, \cdots, x_{70})^{\mathrm{T}}$ 是零件的 7 个标定值,$\boldsymbol{d}$ 是一个 7 行 3 列的 0-1 矩阵,表示零件容差等级的选取,质量损失 $W = W(\boldsymbol{x}_0, \boldsymbol{d})$ 依赖于零件的标定值和容差等级的选取,$[a_i, b_i]$ 是第 i 个零件的标定值参数选取区间,约束中直接令某个 $d_{ij} = 0$ 表示第 i 个零件无第 j 等级.

16.3.2　模型求解及算法设计

上述零件参数设计的综合模型是一个复杂的模型,该优化模型中含有 7 个连续变量,即标定值 $\boldsymbol{x}_0 = (x_{10}, \cdots, x_{70})^{\mathrm{T}}$;同时含有 21 个 0-1 变量 $d_{ij}(i = 1, 2, \cdots, 7; j = 1, 2, 3)$(部分值设定为 0),是一个混合 0-1 非线性规划. 目标函数中含有较多积分值的计算,因此计算量较大;且产品标定值 y 作为 $x_1, \cdots,$ x_7 的函数表达式异常复杂,需要专门处理.

解法 1　每一个零件可以有 2 到 3 种容差,按照排列组合的乘法原理,可以

发现,该问题中的 7 个零件总计有 108 种不同的容差搭配方式.

对于这 108 种容差搭配方式中的任何一种,我们可以直接求解上面得出的模型,这时,该优化模型不含任何容差等级选择的变量 d,是一个含有 7 个连续变量的非线性规划问题.求解该非线性规划,可以得到其最优解.比较 108 种不同容差等级搭配方式的最优解就可以得到最优的参数设计方案.

解法 2 标定值 $x_1, \cdots, x_7$ 是连续变量且有自己取值的范围,而容差有若干可选的等级,是离散型的变量,现在要求确定 $x_1, \cdots, x_7$ 的取值以及容差等级,使得总费用最省.可以考虑如下的网格化方法来求一个近似的最优解.将各个 x_i 的允许取值区间若干等分(比如五等分),将这些等分点作为 x_i 的可能取值点.确定标定值(等分点)与容差等级可能取值点的所有组合,计算每一种组合对应的费用,比较后得出费用最少的一种组合.在这个算法中,如果把区间五等分,则每个零件参数的标定值有 6 个可能取值,因此,不同可能的标定值与容差搭配方式将达到 108×6^7 种,这不是一个很小的数字.因此,等分点不能一下就取得很多;如若必要,可以在较少等分点取得最优解的附近再进一步细分.

16.3.3 程序与计算结果

由于产品标定值 y 关于零件参数 $x_1, \cdots, x_7$ 的函数非常复杂,而我们又需要计算 y 关于 x_i 的偏导数.在 MATLAB 中,可以使用 diff 来进行符号函数求导.相应地,需要定义 y 为 x_i 的符号函数,且在计算函数值时需要用 subs(y, x1, 2)等命令来设置函数 y 中的变量 $x_1 = 2$.同时把 y 中的 7 个变量 $x_1, \cdots, x_7$ 都设成某个具体向量的 7 个分量值,可以使用

```
yval = subs( y, {x1, x2, x3, x4, x5, x6, x7}, x )
```

其中, x 是一个数值型的 7 个分量的向量.

为了用程序实现穷举 $x_1, \cdots, x_7$ 的某个等分数的所有不同的取值组合,可以采用进制的方式.为简单计,不妨设每个 x_i 都仅取区间端点和中点(即二等分区间),设一个有 7 位的三进制非负整数,从高位数起,第 k 位表示 x_k 的取值:0,1,2 分别代表左端点、中点、右端点.则各种不同的 x_i 取为左端点、中点、右端点的组合所对应的三进制非负整数从 $(0000000)_3$ 到 $(2222222)_3$ 遍历.这对应了 10 进制的 0 到 3^7-1 的正整数.我们可以反其道而行之,令 k 跑遍 0 到 3^7-1 的所有非负整数,把 k 写成三进制,再根据三进制数的每一位的值解读成每个零件参数的离散值,完成穷举的工作.如果每个零件参数的取值区间五等分,则仅需要把上述做法中的三进制换成六进制.

正态分布的分布函数可以如下实现:

```
inline('( erf(x* sqrt(2)) + 1 ) / 2');
```

下面是采用解法 2 来求解的 MATLAB 程序. 这里, 我们没有在求得解后再在最优解附近继续细分, 读者可以试着完成这个功能.

```
function pardsgn
  syms x1 x2 x3 x4 x5 x6 x7 positive;        % symbolic variables
  y= 174.42 * (x1/x5) * (x3/[x2- x1])^0.85 * …
    sqrt( (1- 2.62* [1- 0.36* (x4/x2)^(- 0.56)]^(3/2) * (x4/x2)^1.16)/(x6*
x7) );
  for k = 1:7,
      yxi{k} = eval(['diff(y, x' num2str(k) ')']);
  end                        % build all functions,  f(x) and its derivatives
  nrmpdf= inline('( erf(x* sqrt(2)) + 1 ) / 2');    % normal distribution;
  n      = 4;                          % the grid size of xi's intervals
  s      = [10 5 1]/100;                  % tolerence levels
  cost   = [NaN  25 NaN
            20    50 NaN
            20    50 200
            50    100 500
            50    NaN NaN
            10    25 100
            NaN   25 100];         % the cost of each tol- level of x(i)
  sc     = size(cost);
  tol    = [ 0.075    0.125
             0.225    0.375
             0.075    0.125
             0.075    0.125
             1.125    1.875
             12.      20.
             0.5625  0.9375 ];        % the whole intervales of each x(i)
  for z = sc(1):- 1:1,
      tolr(z, :) = linspace( tol(z, 1), tol(z, 2), n );  % grid points of
                                                   each x(i)
  end
  st     = size(tolr);
  W      = inf;                        % preset of total cost = Infinity
  z      = 1;
  for k = 0:sc(2)^sc(1)- 1,
      lv = abs(dec2base(k, sc(2))) - 48;
```

```
    lv = [zeros(1, sc(1)- length(lv)) lv] + ones(1, sc(1));% lv(i): lev-
el of x(i),   1== C & 3== A
    c = cost( sub2ind(sc,  1:sc(1),  lv) );    % c(i): cost of x(i)
    if all(~ isnan(c)),
      for p = 0:st(2)^ st(1)- 1,
          lx = abs(dec2base(p, st(2))) - 48;    % lx(i): index of x(i)
          lx = [zeros(1, st(1)- length(lx)) lx] + ones(1, st(1));
          x = tolr( sub2ind(st,  1:st(1), lx) ); % x(i): value of x(i)
          yx = subs(y, {x1, x2, x3, x4, x5, x6, x7}, x);  % mean value of y
          sy = 0;
          for i = 1:sc(1),
             yxiv = subs(yxi{i}, {x1, x2, x3, x4, x5, x6, x7}, x);
             sy = sy + [x(i)/3 * s(lv(i))]^2* yxiv^2;
          end
          sy = sqrt(sy);    % sigma- y
          q18 = nrmpdf((1.8- yx)/sy);
          q16 = nrmpdf((1.6- yx)/sy);
          q14 = nrmpdf((1.4- yx)/sy);
          q12 = nrmpdf((1.2- yx)/sy);
          p2 =  1- q18 + q12;    % lost 9000
          p1 =  1- p2  - (q16- q14);  % penal 1000, p0 = (q16- q14);
          w = 15000 * ( sum(c) +1e3* p1 +9e3* p2 );     % total cost
          clc;
          fprintf('等级 = \n');
          fprintf('% 10c', 'A'+ 3- lv);
          x,
          fprintf('% s% s', '搜索中 ', 111* ones(1, ceil(z/5)));
          if w< W,
             p1, p2, W= w, pause(1), z= 0;
            else
              z = z + 1;
          end
      end
    end
  end
```

计算结果是，所有零件容差等级均取为最低可能的等级，而标定值发生了较大的改变. 所以，在该问题中，产品标定值 y 能否取为 1.5 附近本身是很重要的,否则生产精度越高,标定值离 1.5 的距离可能越远.

16.4 练习题

1. 在零件参数设计问题中,最优方案对哪一个零件的等级最为敏感?

2. 如果第 7 个零件可以有生产 C 等级的方式,且造价为每个 15 元,最优生产方案是否会发生改变?

3. 某厂计划大规模生产的一种产品由零件 A 及零件 B 组成,设零件 A 与零件 B 的参数 $X, Y > 0$ 是独立的均匀分布的随机变量,产品的参数 $Z = f(X, Y) = XY$ 的目标值是 1. 产品参数值 Z 与目标值 1 的偏差 $Z - 1$ 在 $\pm r_1$($r_1 = 1/100$)之内时是正品;偏差在 $\pm r_1$ 到 $\pm r_2$ 之间时是次品,$r_2 = 2/100$;偏差在 $\pm r_2$ 之外是废品. 正品的市场价单价是 $P_1 = 4\,000$(元),次品的市场价单价是 $P_2 = 3\,000$(元),不算加工费时各种成本折算后每件的成本为 $P_3 = 2\,000$(元). 为了成本核算,考虑付了加工费后是否值得生产. 若用相对精度为 k($0 < k < 1$)的机器加工这两个零件,设 X 的标定值是 $X_0 > 0$,最大偏差 $\pm kX_0$,Y 的标定值是 Y_0,最大偏差 $\pm kY_0$. 已知每个零件的加工费用与 k 成反比,比例系数都是常数 $C = 0.833\,292$. 每月的原材料量是固定的.

(1) 当 $C = 0.833\,292$ 时,求 Z 的标定值 $Z_0 = X_0 Y_0$,加工精度 k,使得平均利润最大. 并求单位产品的平均利润达到最大时的平均利润、正品率及次品率.

(2) 当 C 的值多大时最大的平均利润等于零.

把各数值的最终结果舍入并精确到 6 位有效数字.

第 17 章　捕鱼模型实验

17.1　实验导读 ▶

可再生资源(如渔业、林业等)的适度开发利用是一个重要的研究课题. 一种合理的提法是：在实现可持续收获的前提下，如何追求最大产量或最佳效益. 世界海洋保护组织主管拉塞·古斯塔夫辛认为，应将渔业可持续发展经营列为当前的优先任务之一，"过度捕捞对全球环境产生的冲击将难以估量，对海洋经济的冲击也令人无法视而不见".

下文中我们对某种鱼(鳀鱼)建立可持续捕捞前提下的最优捕捞策略.

17.2　实验目的 ▶

1. 了解可持续生产的问题背景；
2. 学习建立带有外部控制的种群增长模型.

17.3　实验内容 ▶

实验 17.1：捕鱼问题

假设某种鱼(鳀鱼)的基本情况如下：

(1) 这种鱼可以分成 4 个年龄组，分别称为 1 龄鱼，…，4 龄鱼. 各年龄组每条鱼的平均重量分别为：5.07, 11.55, 17.86, 22.99 (g)；

(2) 各年龄组鱼的自然死亡率均为 0.8(1/年)；

(3) 这种鱼为季节性集中产卵繁殖，每年的最后 4 个月为产卵孵化期，平均每条 4 龄鱼的产卵量为 1.109×10^5(个)，每条 3 龄鱼的产卵量为 4 龄鱼的产卵量的一半，2 龄鱼和 1 龄鱼不产卵，卵孵化并成活为 1 龄鱼，成活率(1 龄鱼条数与产卵总量 n 之比)为 $1.22 \times 10^{11} / (1.22 \times 10^{11} + n)$.

目前的捕捞作业情况如下：

(1) 固定努力量捕捞：每年投入的捕捞能力(如鱼船数量、下网次数等)固定不变；

(2) 捕捞强度系数：单位时间捕捞量与各年龄组鱼群条数呈正比，比例系数称为捕捞强度系数；

(3) 采用 13 mm 网眼拉网：该网只能捕捞 3 龄鱼和 4 龄鱼，其两个捕捞强度系数之比为 0.42：1；

(4) 产卵孵化期内不允许进行捕捞，只允许在产卵孵化期前的 8 个月内进行捕捞作业.

问题需求如下：

(1) 建立模型分析如何实现可持续捕捞，并在此前提下获得最高年收获量（捕捞总重量）；

(2) 某渔业公司承包这种鱼的捕捞业务 5 年，合同要求 5 年后鱼群的生产能力不能受到太大的破坏. 已知开始承包时各年龄组鱼群数量分别为 122, 29.7, 10.1, 3.29（× 10^9 条），如果采用固定努力量捕捞方式，问该公司应该采用怎样的捕捞策略才能使总收获量最大.

17.3.1 建模分析

可持续捕捞的含义：每年开始捕捞时各年龄组鱼群的数量与上年初基本一致.

应讨论各年龄组鱼群的转化方式、各年龄组鱼群数量的变化规律.

鱼群数量变化应有三种方式：自然死亡、捕捞、产卵繁殖.

忽略因捕捞等人工因素造成鱼的自然死亡及产卵繁殖的变化，仅考虑通过控制捕捞强度的大小以保持鱼群数量的平衡（可持续捕捞），并获得最大捕捞量，捕捞量是控制变量.

捕捞量可以考虑捕捞条数或者捕捞重量，问题中已告知各年龄组每条鱼的平均重量，模型可先讨论鱼群条数的变化规律，再得到捕捞总重量.

问题提到 1, 2, 3, 4 龄鱼，可假设今年的 1 龄鱼，到明年就长成为 2 龄鱼了，等等. 建立各年龄组鱼群数量的变化规律以及当年末与下一年年初鱼群数量的转化规律.

17.3.2 鱼群生长变化示意图

鱼群生长变化示意如图 17.1 所示.

今年初		今年末		下年初
1 龄鱼	····→	1 龄鱼	····→	卵孵化成 1 龄鱼
2 龄鱼	····→	2 龄鱼	····→	2 龄鱼
3 龄鱼	····→	3 龄鱼	····→	3 龄鱼
4 龄鱼	····→	4 龄鱼	····→	4 龄鱼

图 17.1 鱼群生长示意图

17.3.3 模型思路

(1) 自然死亡与捕捞过程均造成鱼群数量减少,两者作用相同;首先研究无捕捞时鱼群数量的变化规律,然后再讨论有捕捞情况下鱼群数量的变化规律;

(2) 每年前 8 个月是捕捞期,鱼群数量变化既包含自然死亡又包含人工捕捞,后 4 个月是产卵孵化期,不允许捕捞,数量变化仅与自然死亡有关;可分时段讨论鱼群数量变化规律;

(3) 由于每年捕捞与生长循环往复,变化规律可以年为周期,时间变量设定为 $0 \leqslant t \leqslant 1$. 今年末的鱼群数量按照一定方式转化成下一年年初各龄鱼的数量.

17.3.4 模型假设

(1) 本年产的卵,孵化成活后下一年年初全部长成为 1 龄鱼;

(2) 上一年末的 i 龄鱼,下年初全部突变成 $i+1$ 龄鱼($i=1, 2, 3$);

(3) 上年末的 4 龄鱼,下年初仍然留在 4 龄鱼(或者也可假设为全部死亡);

(4) 捕捞过程不会导致各龄鱼死亡率的变化;

(5) 不考虑外水域鱼群对本水域鱼群数量变化的影响.

17.3.5 模型建立

1. 一般性模型

(1) 捕捞强度系数与自然死亡率的统一.

"单位时间捕捞量与各年龄组鱼群条数呈正比,比例系数 k 称为捕捞强度系数",则有

$$k = \frac{\text{单位时间捕捞鱼数量}}{\text{鱼群总数量}}, \quad \text{量纲为 1/时间.} \tag{17.1}$$

"各年龄组鱼的自然死亡率均为 $\alpha = 0.8\,(1/\text{年})$".

二者量纲一致,可将自然死亡率理解为

$$\alpha = \frac{\text{单位时间死亡鱼数量}}{\text{鱼群总数量}}, \quad \text{量纲为 1/时间.} \tag{17.2}$$

(2) α, k 都体现鱼群数量的减少,但 α 是已知量,k 是控制变量.

(3) 无捕捞时,鱼群数量 $S(t)$ 的变化规律为

$$\alpha = \lim_{\Delta t \to 0} \frac{S(t) - S(t+\Delta t)}{\Delta t \cdot S(t)} = \frac{-1}{S(t)} \cdot \frac{\mathrm{d}S}{\mathrm{d}t}, \tag{17.3}$$

即

$$\frac{\mathrm{d}S}{\mathrm{d}t} = -\alpha S(t), \quad S(t)\,|_{t=0} = S_0,$$

求解得

$$S(t) = S_0 \cdot e^{-\alpha t}.$$

（4）有捕捞时，α, k 同时使鱼群数量减少，鱼群数量变化规律为

$$S(t) = S_0 \cdot e^{-(\alpha+k)\,t}.$$

2. 各年龄组鱼群数量在一年内的变化规律

设 $S_{10}, S_{20}, S_{30}, S_{40}$ 分别表示各龄鱼在年初时的数量，则

（1）8 月末各龄鱼的数量 $S_{11}, S_{21}, S_{31}, S_{41}$（有死亡、也有捕捞）为

$$S_{11} = S_{10} \cdot e^{-\frac{2}{3}\alpha}, \quad 1\text{—}8 \text{ 月，时间 } t = \frac{2}{3};$$

$$S_{21} = S_{20} \cdot e^{-\frac{2}{3}\alpha}, \quad 1, 2 \text{ 龄鱼无捕捞；}$$

$$S_{31} = S_{30} \cdot e^{-\frac{2}{3}(\alpha+0.42k)}, \quad 3, 4 \text{ 龄鱼的捕捞强度系数之比为 } 0.42 : 1;$$

$$S_{41} = S_{40} \cdot e^{-\frac{2}{3}(\alpha+k)}. \tag{17.4}$$

（2）9—12 月为不允许捕捞的产卵孵化期，到 12 月末各龄鱼数量 $S_1, S_2,$ S_3, S_4 为

$$S_1 = S_{11} \cdot e^{-\frac{1}{3}\alpha} = S_{10} \cdot e^{-\alpha}, \quad 9\text{—}12 \text{ 月，时间 } t = \frac{1}{3};$$

$$S_2 = S_{21} \cdot e^{-\frac{1}{3}\alpha} = S_{20} \cdot e^{-\alpha}; \tag{17.5}$$

$$S_3 = S_{31} \cdot e^{-\frac{1}{3}\alpha} = S_{30} \cdot e^{-\alpha-\frac{0.84k}{3}};$$

$$S_4 = S_{41} \cdot e^{-\frac{1}{3}\alpha} = S_{40} \cdot e^{-\alpha-\frac{2k}{3}}.$$

3. 当年鱼群产卵总量 n 的计算

（1）在产卵孵化期内 3, 4 龄鱼的数量变化规律为

$$S_3(t) = S_{31} \cdot e^{-\alpha t}, 0 \leqslant t \leqslant \frac{1}{3},$$

$$S_4(t) = S_{41} \cdot e^{-\alpha t}, 0 \leqslant t \leqslant \frac{1}{3}. \tag{17.6}$$

（2）微积分求函数平均值的方法：设函数 $f(x)$ 在区间 $[a, b]$ 连续，则 $f(x)$ 在区间 $[a, b]$ 上的平均值为

$$\overline{f} = \frac{1}{b-a} \int_a^b f(x) \mathrm{d}x.$$

（3）产卵孵化期内 3, 4 龄鱼的平均数量为

$$\overline{S}_3 = \frac{1}{\frac{1}{3}-0}\int_0^{1/3} S_3(t)\mathrm{d}t = \frac{3}{\alpha}S_{31}(1-\mathrm{e}^{\frac{-\alpha}{3}}),$$

$$\overline{S}_4 = \frac{1}{\frac{1}{3}-0}\int_0^{1/3} S_4(t)\mathrm{d}t = \frac{3}{\alpha}S_{41}(1-\mathrm{e}^{\frac{-\alpha}{3}}).$$

(4) 3，4 龄鱼产卵总量 n 的计算

每条 4 龄鱼的产卵量为 $\beta = 1.109\times10^5$，每条 3 龄鱼的产卵量为 $\beta/2$，则

$$n = \frac{\beta}{2}\cdot\overline{S}_3 + \beta\cdot\overline{S}_4 = \frac{3\beta}{2\alpha}(S_{31}+2S_{41})(1-\mathrm{e}^{\frac{-\alpha}{3}}) \tag{17.7}$$

$$= \frac{3\beta}{2\alpha}[S_{30}\cdot\mathrm{e}^{-\frac{2}{3}(\alpha+0.42k)}+2S_{40}\cdot\mathrm{e}^{-\frac{2}{3}(\alpha+k)}](1-\mathrm{e}^{\frac{-\alpha}{3}}).$$

4. 可持续捕捞前提下各龄鱼数量的动态平衡关系

(1) 动态平衡：设 S_{12}，S_{22}，S_{32}，S_{42} 分别表示下年初各龄鱼数量，则

$$S_{12} = n\times\delta,\qquad n \text{ 是 } 3，4 \text{ 龄鱼产卵总量，成活率} \delta = \frac{1.22\times10^{11}}{1.22\times10^{11}+n};$$

$S_{22} = S_1$，　　　年末的 1 龄鱼下年初全部转化成 2 龄鱼；

$S_{32} = S_2$，　　　年末的 2 龄鱼下年初全部转化成 3 龄鱼；

$S_{42} = S_3 + S_4$，年末的 3，4 龄鱼下年初全部转化成 4 龄鱼. $\tag{17.8}$

$$\begin{cases} S_{12} = n\times\dfrac{1.22\times10^{11}}{1.22\times10^{11}+n}, \\[2mm] \quad= \dfrac{3\beta(1-\mathrm{e}^{\frac{-\alpha}{3}})[S_{30}\cdot\mathrm{e}^{-\frac{2}{3}(\alpha+0.42k)}+2S_{40}\cdot\mathrm{e}^{-\frac{2}{3}(\alpha+k)}]\times1.22\times10^{11}}{2\alpha\times1.22\times10^{11}+3\beta(1-\mathrm{e}^{\frac{-\alpha}{3}})[S_{30}\cdot\mathrm{e}^{-\frac{2}{3}(\alpha+0.42k)}+2S_{40}\cdot\mathrm{e}^{-\frac{2}{3}(\alpha+k)}]}, \\[2mm] S_{22} = S_1 = S_{10}\cdot\mathrm{e}^{-\alpha}, \\[1mm] S_{32} = S_2 = S_{20}\cdot\mathrm{e}^{-\alpha}, \\[1mm] S_{42} = S_3 + S_4 = S_{30}\cdot\mathrm{e}^{-\alpha-\frac{0.84}{3}k}+S_{40}\cdot\mathrm{e}^{-\alpha-\frac{2}{3}k}. \end{cases}$$

$$\tag{17.9}$$

(2) 矩阵表示形式

$$\boldsymbol{S}_0 = \begin{pmatrix} S_{10} \\ S_{20} \\ S_{30} \\ S_{40} \end{pmatrix},\quad \boldsymbol{S}_1 = \begin{pmatrix} S_{12} \\ S_{22} \\ S_{32} \\ S_{42} \end{pmatrix},\qquad 则\ \boldsymbol{S}_1 = \boldsymbol{A}\cdot\boldsymbol{S}_0,$$

$$A = \begin{pmatrix} 0 & 0 & F_3 & F_4 \\ \mathrm{e}^{-\alpha} & 0 & 0 & 0 \\ 0 & \mathrm{e}^{-\alpha} & 0 & 0 \\ 0 & 0 & \mathrm{e}^{-\alpha - \frac{0.84}{3}k} & \mathrm{e}^{-\alpha - \frac{2}{3}k} \end{pmatrix},$$

其中，

$$F_3 = \frac{3\beta(1-\mathrm{e}^{\frac{-\alpha}{3}}) \cdot \mathrm{e}^{-\frac{2}{3}(\alpha+0.42k)} \times 1.22 \times 10^{11}}{2\alpha \times 1.22 \times 10^{11} + 3\beta(1-\mathrm{e}^{\frac{-\alpha}{3}})\left[S_{30} \cdot \mathrm{e}^{-\frac{2}{3}(\alpha+0.42k)} + 2S_{40} \cdot \mathrm{e}^{-\frac{2}{3}(\alpha+k)}\right]},$$

$$F_4 = \frac{6\beta(1-\mathrm{e}^{\frac{-\alpha}{3}}) \cdot \mathrm{e}^{-\frac{2}{3}(\alpha+k)} \times 1.22 \times 10^{11}}{2\alpha \times 1.22 \times 10^{11} + 3\beta(1-\mathrm{e}^{\frac{-\alpha}{3}})\left[S_{30} \cdot \mathrm{e}^{-\frac{2}{3}(\alpha+0.42k)} + 2S_{40} \cdot \mathrm{e}^{-\frac{2}{3}(\alpha+k)}\right]}.$$

$$(17.10)$$

（3）可持续捕捞，则 $S_1 \approx S_0$，$A \cdot S_0 \approx S_0$.

5. 年捕鱼量 G 的确定

（1）一般性模型

$S(t) = S_0 \cdot \mathrm{e}^{-\varepsilon t}$ 表示鱼群数量变化规律（条数），因为捕捞强度系数

$$k = \frac{\Delta S(t)}{\Delta t} \cdot \frac{1}{S(t)}, \quad \Delta S(t) = k \cdot S(t) \cdot \Delta t, \tag{17.11}$$

则捕捞条数

$$P = \sum \Delta S(t) = \sum k \cdot S(t) \cdot \Delta t = k \int_0^T S(t)\,\mathrm{d}t. \tag{17.12}$$

一年内（事实上是前 8 个月）的捕鱼总条数为

$$P = k \int_0^{\frac{2}{3}} S_0 \cdot \mathrm{e}^{-\varepsilon t}\,\mathrm{d}t = \frac{kS_0}{\varepsilon}(1-\mathrm{e}^{\frac{-2\varepsilon}{3}}). \tag{17.13}$$

（2）3 龄鱼捕捞总条数 P_3（捕捞强度系数为 $0.42k$）

$$S_3(t) = S_{30} \cdot \mathrm{e}^{-(\alpha+0.42k)t}, \quad 0 \leqslant t \leqslant \frac{2}{3},$$

$$P_3 = 0.42k \int_0^{\frac{2}{3}} S_3(t)\,\mathrm{d}t = \frac{0.42kS_{30}}{\alpha+0.42k}(1-\mathrm{e}^{\frac{-2(\alpha+0.42k)}{3}}). \tag{17.14}$$

（3）4 龄鱼捕捞总条数 P_4（捕捞强度系数为 k）

$$S_4(t) = S_{40} \cdot \mathrm{e}^{-(\alpha+k)t}, \quad 0 \leqslant t \leqslant \frac{2}{3},$$

$$P_4 = k \int_0^{\frac{2}{3}} S_4(t) \mathrm{d}\,t = \frac{kS_{30}}{\alpha + k}(1 - \mathrm{e}^{\frac{-2(\alpha+k)}{3}}). \tag{17.15}$$

（4）捕捞总重量 G

$$\begin{aligned} G &= m_3 P_3 + m_4 P_4 \\ &= m_3 \frac{0.42kS_{30}}{\alpha + 0.42k}(1 - \mathrm{e}^{\frac{-2(\alpha+0.42k)}{3}}) + m_4 \frac{kS_{30}}{\alpha + k}(1 - \mathrm{e}^{\frac{-2(\alpha+k)}{3}}). \end{aligned} \tag{17.16}$$

17.3.6　模型总体结构

合并上面的分析过程，可以得到如下的模型总体结构：

$$\begin{cases} \max & G = m_3 P_3 + m_4 P_4, \\ \mathrm{s.\,t.} & \boldsymbol{A}\boldsymbol{S}_0 = \boldsymbol{S}_1. \end{cases} \tag{17.17}$$

展开来即是

$$\begin{cases} \max \quad G = m_3 \dfrac{0.42kS_{30}}{\alpha + 0.42k}(1 - \mathrm{e}^{\frac{-2(\alpha+0.42k)}{3}}) + m_4 \dfrac{kS_{30}}{\alpha + k}(1 - \mathrm{e}^{\frac{-2(\alpha+k)}{3}}), \\[2mm] \mathrm{s.\,t.} \quad \begin{pmatrix} 0 & 0 & F_3 & F_4 \\ \mathrm{e}^{-\alpha} & 0 & 0 & 0 \\ 0 & \mathrm{e}^{-\alpha} & 0 & 0 \\ 0 & 0 & \mathrm{e}^{-\alpha-\frac{0.84}{3}k} & \mathrm{e}^{-\alpha-\frac{2}{3}k} \end{pmatrix} \begin{pmatrix} S_{1t} \\ S_{2t} \\ S_{3t} \\ S_{4t} \end{pmatrix} = \begin{pmatrix} S_{1t+1} \\ S_{2t+1} \\ S_{3t+1} \\ S_{4t+1} \end{pmatrix} \quad (t = 0,1,2,3,4). \end{cases}$$

$$\tag{17.18}$$

其中，

$$F_3 = \frac{3\beta(1 - \mathrm{e}^{\frac{-\alpha}{3}}) \cdot \mathrm{e}^{\frac{2}{3}(\alpha+0.42k)} \times 1.22 \times 10^{11}}{2\alpha \times 1.22 \times 10^{11} + 3\beta(1 - \mathrm{e}^{\frac{-\alpha}{3}})[S_{30} \cdot \mathrm{e}^{-\frac{2}{3}(\alpha+0.42k)} + 2S_{40} \cdot \mathrm{e}^{-\frac{2}{3}(\alpha+k)}]},$$

$$F_4 = \frac{6\beta(1 - \mathrm{e}^{\frac{-\alpha}{3}}) \cdot \mathrm{e}^{\frac{2}{3}(\alpha+k)} \times 1.22 \times 10^{11}}{2\alpha \times 1.22 \times 10^{11} + 3\beta(1 - \mathrm{e}^{\frac{-\alpha}{3}})[S_{30} \cdot \mathrm{e}^{-\frac{2}{3}(\alpha+0.42k)} + 2S_{40} \cdot \mathrm{e}^{-\frac{2}{3}(\alpha+k)}]}.$$

$$\tag{17.19}$$

17.3.7　模型求解

（1）已知常数

$$\alpha = 0.8, \quad m_3 = 17.86, \quad m_4 = 22.99, \quad \beta = 1.109 \times 10^5,$$
$$S_{10} = 122, \quad S_{20} = 29.7, \quad S_{30} = 10.1, \quad S_{40} = 3.29 \times 10^9.$$

（2）设 $\boldsymbol{S}_0$ 为承包开始时各龄鱼数量，$\boldsymbol{S}_i$ 表示承包 i 年后各龄鱼数量（$i = 0$，1，2，3，4，5），则

$$AS_i = S_{i+1}, \qquad 所以 \quad S_5 = A^5 S_0.$$

（3）承包 5 年，要求 5 年后鱼群的生产能力不能受到太大的破坏，则

$$S_5 = A^5 S_0 \approx S_0,$$

这就要求取恰当的捕捞强度 k，使得 $S_5 = A^5 S_0 \approx S_0$，且年捕捞总重量 G 最大.

（4）算法设计

在一定范围内取定一系列 k 的值，通过计算得到既让 $S_5 = A^5 S_0 \approx S_0$，又让捕捞总重量 G 尽可能大的某一 k 的值（建议先通过 k 值的变化，确定捕捞总重量 G 的最大值点）.

17.4　练习题

1. 如何明确 $S_5 = A^5 S_0 \approx S_0$ 中约等的含义？如何度量？

2. 计算可能使得鱼群灭绝的最小固定捕捞系数.

3. 确定使得鱼群可持续生产的情况下最优的固定捕捞系数.

4. 如果连续捕捞 5 年，每年仍为前 8 个月，但渔场可用一年时间来回复生产，那么最优捕捞系数是什么？

第18章 球队排名实验

18.1 实验导读

某些体育运动项目的运动员数量众多（比如乒乓球、网球、羽毛球等），运动员相互之间可能有过一次或者多次的同场竞技，也可能相互之间从来没有打过比赛. 人们常常会提出这样的问题：如何根据这些运动员过去一段时间的比赛成绩给出他们的排名？

18.2 实验目的

1. 理解排名问题的特征向量模型；
2. 了解特征向量方法的不同用途，并应用于某些较简单的问题.

18.3 实验内容

实验18.1：球队排名问题

下表给出我国 12 支足球队在 1988—1989 年全国足球甲级联赛的成绩，要求设计一个依据这些成绩排出诸队名次的算法，并给出该算法排名次的结果. 把该算法推广到任意 N 个队的情况；并讨论数据应具备什么条件，用你的方法才能排出诸队的名次. 下表中，12 支球队依次记作 T_1，…，T_{12}. 符号×表示两队未曾比赛. 数字表示两队比赛结果，如 T_3 行与 T_8 列的交叉处的数字表示 T_3 与 T_8 比赛了两场，进球数之比为 0∶1 和 3∶1.

	T_1	T_2	T_3	T_4	T_5	T_6	T_7	T_8	T_9	T_{10}	T_{11}	T_{12}
T_1	×	0∶1 1∶0 0∶0	2∶2 1∶0 0∶2	2∶0 3∶1 1∶0	3∶1	1∶0	0∶1 1∶3	0∶2 2∶1	1∶0 4∶0	1∶1 1∶1	×	×
T_2		×	2∶0 0∶1 1∶3	0∶0 2∶0 0∶0	1∶1	2∶1	1∶1 1∶1	0∶0 0∶0	2∶0 1∶1	0∶2 1∶0	×	×

(续表)

	T_1	T_2	T_3	T_4	T_5	T_6	T_7	T_8	T_9	T_{10}	T_{11}	T_{12}
T_3			×	4:2 1:1 0:0	2:1	3:0	1:0 1:4	0:1 3:1	1:0 2:3	0:1 2:0	×	×
T_4				×	2:3	0:1 2:3	0:5 1:3	2:1 1:0	0:1 1:0	0:1 1:1	×	×
T_5					×	0:1	×	×	×	×	1:0 1:2	0:1 1:1
T_6						×	×	×	×	×		×
T_7							×	1:0 2:0 0:0	2:1 3:0 1:0	3:1 3:0 2:2	3:1	2:0
T_8								×	0:1 1:2 2:0	1:1 1:0 0:1	3:1	0:0
T_9									×	3:0 1:0 0:0	1:0	1:0
T_{10}										×	1:0	2:0
T_{11}											×	1:1 1:2 1:1
T_{12}												×

按照分析、假设、建模、求解四个步骤完成球队排名问题.

18.3.1　模型分析

一般来讲,积分法可以直接给出每个球队的总积分,并根据总积分排出球队的强弱顺序.例如,胜一场积 3 分,平一场积 1 分,输了则不得分.如果所有球队该进行的比赛都已经完成,例如上面的积分表,我们可以假设应该是任意两队之间比赛三场,则总积分方法也可以接受.

但是,联赛还在进行中,甚至某些球队之间还完全没有对抗过.这样,总积分法或者平均积分法(比赛积分除以出场数)都有可能不能准确反应球队的实力.例如,假设联赛有四支球队 a,b,c,d,比赛成绩如下:

$$a\,平\,c,\quad c\,胜\,d,\quad d\,平\,b,\quad a\,平\,b.$$

可以看出,直觉上 a 应该强于 b,但(平均)积分法的结果都是 a,b 分数是一样的. 这个直觉来源于：a 和冠军平了，但 b 和最后一名平了. 这启发我们：应该考虑对手的强弱.

18.3.2　模型假设

（1）参赛球队存在真正的实力，而在每一场比赛中，球队表现出来的成绩，或者称表面实力是均值为真正实力的某种概率分布；

（2）假设排名仅依靠比赛结果，不考虑成绩之外的任何其他要素；

（3）假定每场比赛同等重要，球队目前参赛场次的多少是因为赛制等球队外的因素造成的，与球队无关.

18.3.3　特征向量法模型

假设每个球队有一个真正实力，第 i 队为 $x_i(x_i > 0)$. 则若总球队数为 N，我们称 $\boldsymbol{x} = (x_1, x_2, \cdots, x_N)^{\mathrm{T}}$ 为实力向量.

我们记每获胜一场得 3 分（2 分），称为基本分. 现在考虑对手的强弱，若在某场比赛中，T_j 队胜了 T_i 队，则 T_j 队积 $3x_i$ 分；甚或可以推而广之，若在某场比赛中，反映出 T_j 队与 T_i 队实力比为 a_{ji}，则 T_j 队积 $a_{ji}x_i$ 分. 这样，在所有有 T_j 队参与的比赛中，T_j 队积分为

$$y_j = a_{j1}x_1 + a_{j2}x_2 + \cdots + a_{jN}x_N,$$

这里，我们暂且记 $a_{jj} = 1$.

如果考虑对手强弱的积分是合理的，则这种方式下各队的积分形成的积分向量 $\boldsymbol{y} = (y_1, y_2, \cdots, y_N)^{\mathrm{T}}$ 也同时反映了各球队之间的实力比. 也就是说，存在一个正实数 λ，使得

$$\boldsymbol{y} = \boldsymbol{A}\boldsymbol{x} = \lambda\boldsymbol{x},$$

这里，$\boldsymbol{A} = (A_{ij})$ 称为得分矩阵，a_{ij} 是球队 i 和 j 直接对抗时反映出的他们的实力比. 既然是特征值问题，所以若令 $a_{ii} = 0$ 也是等价的方式. 因为这里我们只关心 $\boldsymbol{x}$ 的值.

定理 18.1　Perron-Frobenius 定理　$\boldsymbol{A}$ 是不可约非负矩阵，则存在 $\boldsymbol{A}$ 的按模最大特征值，也是最大特征值 λ，并且对应实特征向量 $\boldsymbol{x} > 0$.

所谓的可约矩阵，就是指能够把矩阵下标集 $\{1, 2, \cdots\}$ 分割成两个非空不交子集 I, J，即 $I \cup J = \{1, 2, \cdots, N\}$，$I \cap J = \varnothing$，且 $I \neq \varnothing$，$J \neq \varnothing$，对于所有的 $i \in I$，$j \in J$，$a_{ij} = a_{ji} = 0$. 这就是说，联赛的球队被分成了两部分，两部分各抽任一球队都是没有直接对抗的，因此无法评判强弱.

1. 矩阵的可约性

假设矩阵 $\boldsymbol{A}$ 元素都是非负的，(i, j) 元素为零表示 i, j 两队没有直接对抗，

不能比较强弱；若非零则表示有对抗，可以比较强弱. 可以看到，因为

$$(\boldsymbol{A}^2)_{ij} = \sum_{k=1}^{N} a_{ik}a_{kj},$$

只要有某个 k，使得 $a_{ik} \neq 0$ 且 $a_{kj} \neq 0$，则 $a_{ij} \neq 0$. 这句话可以翻译成：如果 (i,k) 两队和 (k,j) 两队有直接对抗，就可以比较 i，j 两队的强弱. 同理，如果能找到编号为 s_1，s_2，$\cdots$，s_q 的球队，使得 (i, s_1)，(s_1, s_2)，$\cdots$，(s_{q-1}, s_q)，(s_q, j) 都有直接对抗，则可以比较 i，j 两队的强弱. 而这样的队数 q 应该满足 $q \leqslant N-2$（除去 i，j 两队）. 所以，如果任意两队都能通过这种方式比较强弱，则对于任意 i，j，矩阵 $(\boldsymbol{A}^{N-2})_{ij}$ 都不等于 0.

2. 得分矩阵的构造

这部分我们介绍一种方法，把每两个队之间直接对抗的结果转化成强弱队的实力比系数.

令 $i = 1, \cdots, n$，$j = 1, \cdots, n$，做如下循环：

(1) 若 T_i 队与 T_j 队互胜场次相等：

　　当净胜球为 0 时，$a_{ij} = a_{ji} = 1$，结束；

　　当 T_i 队净胜球多时，以 T_i 队净胜一场，做后续处理；

(2) 若 T_i 队净胜 T_j 队 k 场，$k > 0$，

　　$b_{ij} = \min\{2k, 9\}$；

　　$m_{ij} = T_i$ 队净胜 T_j 队平均每场净胜球数，$d_{ij} = 1, -1, 0$，如果 $m_{ij} > 1$，$m_{ij} < -1$，或其他；

　　$a_{ij} = b_{ij} + d_{ij}$，$a_{ji} = 1/a_{ij}$；

(3) 若 T_i 队和 T_j 队无比赛成绩，则 $a_{ij} = a_{ji} = 0$.

得分矩阵的构造是比较开放的，这个问题可以有很多种不同的考虑方式，比如考虑比分为三局两胜一负或者比一局胜一局在概率上有什么不同. 得到矩阵 $\boldsymbol{A}$ 后可以用上面的方法简单地判断它是否可约.

3. 最大特征值及特征向量的计算

计算一个矩阵的最大特征值，可以采用幂法. 简单地说，就是用矩阵 $\boldsymbol{A}$ 反复地乘上初始的非零向量，这个向量方向会越来越靠近最大特征值对应的特征向量. 在计算机上执行这个算法，要多考虑一步规范化：把每一次得到的向量归一化成同一方向的单位向量.

算法：幂法

第一步　设 $x^{(0)} = e = (1, 1, \cdots, 1)$，$k = 0$；

第二步　$v^{(k)} = Ax^{(k)}$；$x^{(k+1)} = \dfrac{v^{(k)}}{\max\limits_{j} v_j^{(k)}}$；

第三步 若 $\max\limits_{j} | x_j^{(k+1)} - x_j^{(k)} | \leqslant \varepsilon$，$\lambda = \max\limits_{j} v_j^{(k)}$，停机；否则，$k = k+1$，转 2.

该算法的计算结果如下，强弱次序为

T_7(强)，T_3，T_1，T_9，T_2，T_{10}，T_8，T_{12}，T_6，T_5，T_{11}，T_4（弱）.

可以简单的算积分检验该结果的可信度，也可以建立模拟的模型来检验——这时候可能需要得到或者挖掘更多的信息，比如不仅是每个队的强弱，还需要每个队发挥的稳定性.

18.3.4 编程求解

编写程序如下：

```
function P = sft(ssfn)
  if nargin< 1,ssfn = 'ssfn.txt'; end
  fid = fopen(ssfn);
  N = 12;
  Q = zeros(N);
  C = zeros(N);
  S = zeros(N);
  A = zeros(N);
  while 1,
    tline = fgetl(fid);
    if ~ ischar(tline),break; end
    id = [strfind(tline, ' ') strfind(tline, ':')];
    t1 = str2num( tline(2:id(1)- 1) );
    t2 = str2num( tline(id(1)+ 2:id(2)- 1) );
    s1 = str2num( tline(id(2)+ 1:id(3)- 1) );
    s2 = str2num( tline(id(3)+ 1:end) );
    Q(t1, t2) = Q(t1, t2) + s1- s2;
    C(t1, t2) = C(t1, t2) + 1;
    S(t1, t2) = S(t1, t2) + sign(s1- s2);
  end
  fclose(fid);
% -----------------------------------------------------
  for i = 1:N,
   for j = i+ 1:N,
    if C(i, j)> 0,
      if S(i, j)= = 0,
        if Q(i, j)= = 0,
```

```
        A(i, j) = 1;
      elseif Q(i, j)> 0,
        S(i, j) = 1;
      else
        S(i, j) = - 1;
      end
    end
    if S(i, j)~ = 0,
      if Q(i, j)/C(i, j)> 2,
        d = 1;
      elseif Q(i, j)/C(i, j)< 0,
        d = - 1;
      else
        d = 0;
      end
      if S(i, j)> 0,
        A(i, j) = min(S(i, j)* 2, 9) + d;
      else
        A(i, j) = 1/[min(abs(S(i, j))* 2, 9) + d];
      end
    end
    if A(i, j)~ = 0,
      A(j, i) = 1/A(i, j);
    end
    end
    end
  end
% --------------------------------------------------
ki = [1];
done = 0;
while ~ done,
  flag = 0;
  for t = ki,
    z = find(A(t, :));
    if ~ isempty(setdiff(z, ki)),
      ki = union(ki,z);
      flag = 1;
```

```
      end
    end
    done = [length(ki)= = N | flag= = 0];
  end
  if length(ki)< N,
    error('reducible A! ');
  end
% -----------------------------------------------------
  A = A + diag(sum(A= = 0, 2)+ 1);
  A
  done = 0;
  xo = ones(N, 1);
  while ~ done,
  x = A * xo;
  x = x / max(x);
  if norm(x- xo)< = 1e- 12,
    [tmp, P] = sort(-x);
    done = 1;
  else
    xo = x;
  end
end
```

该程序所需的数据文件如下,请保存成为 ssfn. txt. 完整的数据文件可以从网页 http://math. tongji. edu. cn/model/docs/ssfn. txt 下载.

```
T1 T2 0:1
T1 T2 1:0
T1 T2 0:0
T1 T3 2:2
T1 T3 1:0
T1 T3 0:2
T1 T4 2:0
T1 T4 3:1
... ...
T9 T10 3:0
T9 T10 1:0
T9 T10 0:0
```

T9 T11 1:0
T9 T12 1:0
T10 T11 1:0
T10 T12 2:0
T11 T12 1:1
T11 T12 1:2
T11 T12 1:1

18.4 练习题

1. 查找今年国内足球联赛的数据. 如果你仅有联赛进行到 2/3 的数据,那你能预测冠军是哪个队吗?

2. 尝试考虑计算不同场数获胜的概率,用此来衡量两队的实力比,修改文中的模型.

3. 可否给出一个计算联赛中各队发挥稳定性的模型? 你需要先定义什么是球队水平发挥的稳定性,以及给出一个合理的计算稳定性的公式.

4. 考虑班级各位同学的微信朋友关系,你可以从中得到什么结论? 比如,谁是微信达人? 谁是意见领袖?

5. 随着现代科学技术的发展,每年都有大量的学术论文发表. 如何衡量学术论文的重要性,成为学术界和科技部门普遍关心的问题. 有一种确定学术论文重要性的方法是考虑论文被引用的状况,包括引用的次数以及引用的重要性程度. 假如用有向图来表示论文引用关系,"A"引用"B"可用图 18.1 表示. 现有六篇学术论文引用关系如图 18.2 所示,给出这六篇论文的重要性排序.

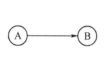
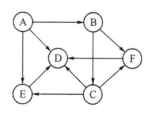

图 18.1　"A"引用"B"图示　　图 18.2　六篇学术论文引用关系

6. 设定有一定数量的球队,预先设定他们的强弱排序,按照一定的概率分布随机生成一张比赛成绩表,各球队之间的比赛场次及比分等都随强弱系数按一定的概率分布. 依文中的算法及产生的成绩表,确定这批球队的强弱排序(计算). 将计算所得的排序与原先设定的排序比较.

参 考 文 献

[1] 曹珍富. 丢番图方程引论[M]. 哈尔滨：哈尔滨工业大学出版社,2012.

[2] 邓集贤,杨维权,司徒荣,等. 概率论及数理统计[M]. 4 版. 北京：高等教育出版社,2009.

[3] 顾森. 浴缸里的惊叹：256 道让你恍然大悟的趣题[M]. 北京：人民邮电出版社,2014.

[4] 胡良剑,孙晓君. 数学实验[M]. 2 版. 北京：高等教育出版社, 2014.

[5] 梁进,陈雄达,张华隆,等. 数学建模讲义[M]. 上海：上海科学技术出版社,2014.

[6] 刘汝佳. 算法竞赛入门经典[M]. 2 版. 北京：清华大学出版社,2014.

[7] MATLAB 公司主页. http://www.mathworks.com,2016.

[8] 免费的在线数独. http://cn.sudokupuzzle.org,2016.

[9] The On-Line Encyclopedia of Integer Sequences. http://oeis.org/,2016.

[10] 谭浩强. C 语言程序设计[M]. 2 版. 北京：清华大学出版社,2008.

[11] 谭永基,俞红. 现实世界的数学视角与思维[M]. 上海：复旦大学出版社,2010.

[12] 同济大学计算数学教研室. 现代数值计算[M]. 北京：人民邮电出版社,2014.

[13] 同济大学数学系. 高等数学[M]. 7 版. 北京：高等教育出版社,2014.

[14] 同济大学数学系. 微积分上下册[M]. 2 版. 北京：高等教育出版社,2003.

[15] 王沫然. MATLAB 与科学计算[M]. 3 版. 北京：电子工业出版社,2012.

[16] 王晓东. 算法设计与分析[M]. 3 版. 北京：清华大学出版社,2014.

[17] 维基百科. http://en.wikipedia.org/wiki/, 2016.

[18] Wolfram. http://mathworld.wolfram.com/, 2016.

[19] 项家樑. MATLAB 在大学数学中的应用[M]. 上海：同济大学出版社,2014.

[20] 赵静,但琦. 数学建模与数学实验[M]. 4 版. 北京：高等教育出版社,2014.